马文其　主编

观花盆景制作与养护

中国林业出版社

《观花盆景制作与养护》编委员

顾　问：胡乐国

主　编：马文其

编　委：（以姓氏笔画为序）

马文其　张绍宽　郁　茗　胡一民

绘　图：马德荣　胡一民　郁　茗　解秀纯

摄　影：赵庆泉　王云武　王选民　胡光生　崔连泉　曹世卿
施德勇　张小丁　马　莉　刘　红　仲济南　何增明
张华江　张光照　张　华　王　琳　梁悦美　吴雅琼
张忠涛　王鲁晓　田　丽　冯炳伟　常志刚　古　丽

本书盆景作品作者见盆景照片下署名

图书在版编目（CIP）数据

观花盆景制作与养护 / 马文其主编. -- 北京：中国林业出版社, 2016.5（2018.6重印）

ISBN 978-7-5038-8533-4

Ⅰ.①观… Ⅱ.①马… Ⅲ.①盆景－观赏园艺 Ⅳ.①S688.1

中国版本图书馆CIP数据核字（2016）第101653号

出　版：中国林业出版社（100009　北京西城区德内大街刘海胡同7号）

E-mail：shula5@163.com　电话：（010）83143566
http://lycb.forestry.gov.cn

发　行：中国林业出版社

制　版：北京美光设计制版有限公司

印　刷：固安县京平诚乾印刷有限公司

版　次：2016年6月第1版

印　次：2018年6月第2次

开　本：710mm × 1000mm　1/16

印　张：10

字　数：225千

定　价：59.00元

前　言

PREFACE

在物质生活极大丰富的今天，人们更加注重精神生活的享受。人们在欣赏、赞叹大自然美的同时，也梦想拥有自己的一座花园、拥有自己培植的花草树木。当我们因时间或体力问题不能远足欣赏美景的时候，院子里的盆盆美景便是我们精神的寄托。近10余年来，已出版的盆景书有百余种。这些书大部分都是综合性的，观花盆景只作为一章或一节列入其中。为了满足广大盆景爱好者、特别是观花盆景爱好者的需要，应出版社之邀，笔者邀请福建、安徽、北京等地有丰富制作经验的同行共同完成本书的编撰。由于作者来自不同地区，所以书中介绍的观花植物比较广泛，制作观花盆景的常用植物和近些年新用植物共计23种。

本书将观花盆景的实用性和欣赏性融为一体，书中有上乘盆景照片200余幅，其中不乏盆景艺术大师之佳作，也有多次获奖的作品。为了让读者能更好地学习、临摹操作，书中还有制作过程图80余幅。广大读者可以在读文赏图中了解每种植物的形态特征、取材与培育、促花促蕾、上盆与造型、养护与管理等知识，更好地把握观花盆景取材、制作、养护的全过程，创作出更好的作品。

本书是广大盆景爱好者的实用参考书，亦可作花卉盆景培训班的教材，专业盆景工作者也值得一读。

本书在编写过程中得到全国各地盆景大师和盆景爱好者的大力支持。北京纳波湾园艺有限公司、扬州红园、新沂忠慧盆景园等单位以及赵庆泉、刘传刚、梁悦美、田丽、王选民、张忠涛、王鲁晓、冯炳伟、张华江、左宏发、范鹤鸣、卢迺骅、迟泽森、张光照、翟克修、古丽等大师专家提供了精美图片，在此一并致谢。

由于编者水平有限，时间仓促，不尽如人意之处在所难免，恳请广大读者批评指正。

马文其

2016年1月

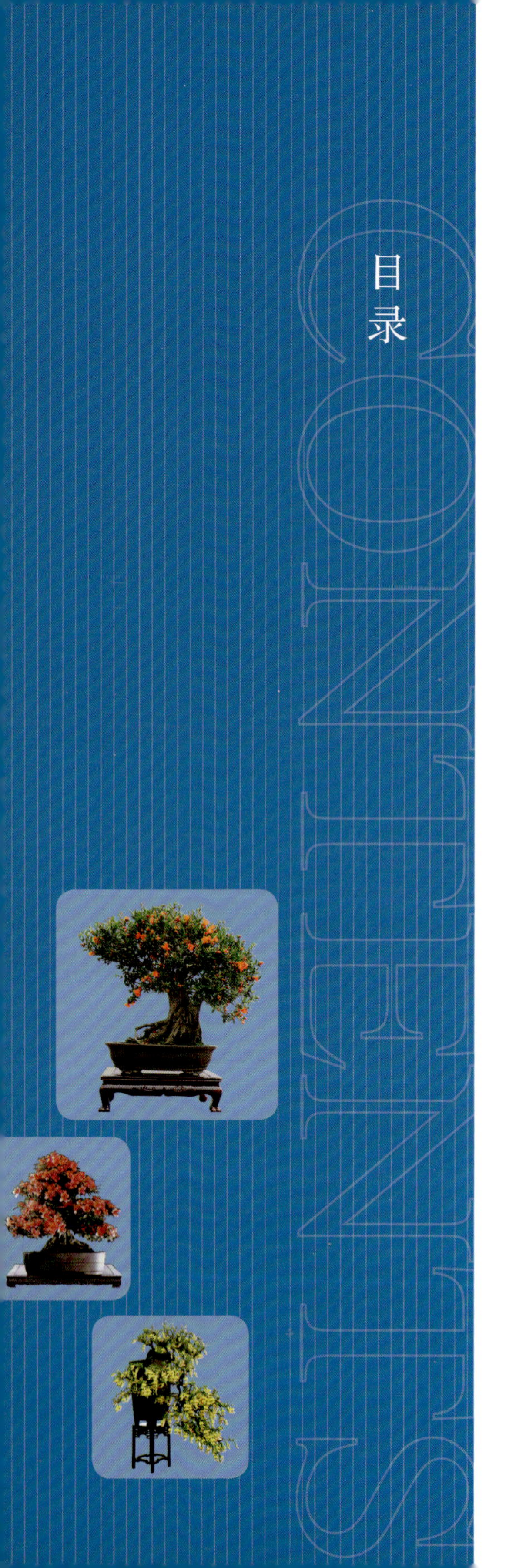
目
录
CONTENTS

妖娆

杜鹃花

黄建明作品

第1章

观花盆景概述及制作款式

观花盆景因树种的差异，花开时或热情奔放或清新素雅或香气迷人，其造型、观赏也因树种的不同而千差万别。本章主要介绍花与中国文化、观花盆景对花木的要求以及观花盆景常见款式等内容。

1 花与中国文化

花被人们视为吉祥、纯洁、美好、高尚的象征，受到世界各国人们的喜爱。世界上最早的花在哪个国家开放?是什么样子的?这是很多人，特别是各国古植物学家最感兴趣的问题，而且是几千年没有答案的问题。

东汉墓壁画中盆栽花卉摹本

中国古生物科研人员，历经多年艰苦奋斗寻找古代化石，并加以科学研究论证，以大量资料证明中国的辽西一带是包括美丽芬芳的花朵在内的被子植物的起源地，而出现于1.45亿年前的“辽宁古果”则是迄今唯一有确切证据的、全球最早的花。

在经过严格的审查后，美国《科学》杂志于1998年11月27日，以封面文章发表了中国古生物学专家撰写的《追索最早的花——中国东北侏罗纪被子植物：古果》的论文（被子植物，说的通俗一点，就是有花的植物，区别于“裸子植物”）。该论文的发表，受到很多国家专家学者的关注。

中国是世界上拥有花卉种类最多、栽培花卉最早的国家之一。1977年我国考古工作者，在浙江省余姚县河姆渡新石器时期（距今7000余年）遗址挖掘中，发现两片绘有盆栽植物的陶片，其画面显示，所绘有5个叶片的植物形态好似万年青。

在河北省望都县东汉墓壁绘画中（距今有1700余年），有盆栽花卉的画面；在一个圆形盆中栽着六枝红花，盆下配以方形几架，形成植物、盆钵、几架三位一体的艺术形象，这种陈设，在现代也是很讲究的了。

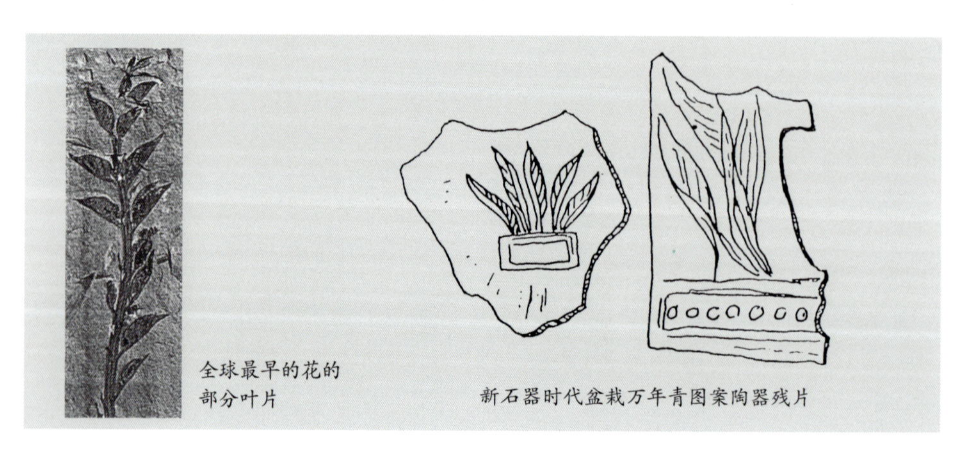
全球最早的花的部分叶片

新石器时代盆栽万年青图案陶器残片

2 对花木的要求

黄花满树（黄蝉）张绍宽作品

观花盆景绝大部分是木本植物，所以对观花盆景的要求可概括为两个方面：首先是观花盆景要基本符合树木盆景造型要求（包括根、干、枝、叶的要求），其次是对花的要求。

对根的要求

根在观花盆景中的作用有三：其一，起固定植株作用，根据造型的要求，把干、枝以直立、倾斜或呈悬崖式固定于盆土中；其二，是吸收土壤中的水分和营养供给干、枝、叶、花的生长需要；其三，在盆土以上悬根露爪的根系，增添了观花盆景美感，提高了盆景的观赏价值（如作品“风华正茂”）。

风华正茂
石榴
王鲁晓作品

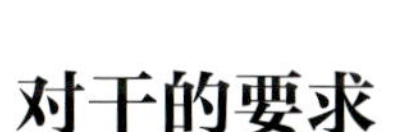

对干的要求

不论单干、双干还是多干，一般讲树干应显得苍老而有一定弯曲（直干式除外），以使景物达到曲直和谐、刚柔相济的艺术效果。

右图梁悦美的杜鹃花作品，其树干苍老而有一定弯曲，给人以柔性美的感受，其盆钵边线和托架边线都是挺直的，表现了阳刚之美。从整个景物来看，达到了苍老古朴、刚柔相济、红花满树的艺术效果，所以说该盆景是具有较高观赏价值的盆景。

杜鹃花盆景
梁悦美作品

对枝的要求

一般讲，树干与主枝比，以及主枝与第二级枝的粗度比例在1/2至1/3为好。如果树干粗6厘米，主枝粗2~3厘米，第二级枝应是1~2厘米就比较好。如果树干很粗，主枝比较细，其比例在5倍以上，很不协调也不美观。

主枝在树干上以及第二级枝在主枝上要呈互生状，不能呈对生状，因为呈对生状的欣赏效果欠佳。参见作品“风雪送春归”。

风雨送春归
梅花
池泽森提供

对叶的要求

观花盆景，观赏重点是花，叶片此时是起衬托作用的，为了突出花朵把叶片适当摘除一些，如作品“万众连心”。在选择观花树种时最好选叶片小而苍翠的树种。

万众连心
杜鹃花
池泽森作品

对花的要求

观花盆景对花的要求比较严，并非所有开花盆景都能列入观花盆景之中。如黄栌，每年都有顶生圆锥花序，夏初开黄绿色小花，因其花不如叶片漂亮优美，所以黄栌盆景不能列入观花盆景范畴。

观花盆景要求花朵或花序漂亮、美观，具有较高的观赏价值。如果花朵在开放时能释放出香味，花期较长或一年之内多次开花，当然就更受欢迎。如月季花，品种繁多，色彩丰富，四时常开，并且便于管理，制作成盆景别有一番景致。再如四季迎春（又称常春），每日最低气温在15℃以上，水、肥、光照等管理得当就能开花。在北京地区，从初夏到初秋100余天的时间里，黄花不断，招来蜜蜂、蝴蝶上下飞舞给人们带来无穷的乐趣。

月季盆景
北京纳波湾园艺提供

花繁似锦
迎春
马文其提供

3 观花盆景常见款式

天女散花（石榴）王鲁晓作品

观花盆景款式繁多，现把常见款式配合盆景图片做一介绍，既可供读者欣赏也可作为盆景创作时的参考。

单干直立式

如右图德国盆景。该景树干苍老直立挺拔，出土不高开始分枝，树干虽然不太高，然而却有一种顶天立地的气势，雄姿飒爽，观之令人精神振奋。满树白花，在翠绿叶片的衬托下，显得优雅而俊俏，惹人喜爱。该景树干直立，具有阳刚之美，但用盆及用托都是椭圆形，景物下面形成几层曲线，是阴柔美的表现。纵览整个景物，达到曲直和谐、刚柔相济的艺术效果。

德国盆景
约翰·卡斯特诺作品

双干式

双干式又分多种样式，有一本双干，树干出土很矮就成粗细高低不同的两个干，如作品“姐妹本是一母生”。也有同种树木，但粗细、高低不同的两株观花树木，其根、干相距很近，同栽一盆中，成为双干式。双干式，常用拟人化的方法题名，符合当前比较流行的人情味。两个干粗细、高矮差别不太明显，常用姐妹题名；两个树干粗细、高低差别比较大的，常以母女来题名，如“母女情深”等等。

姐妹本是一母生
杜英
扬州红园作品

斜干式

树干向一侧倾斜，但不卧倒。倾斜的树干要达全干长的1/2以上，在全干长的1/2~1/3之处，树干要有曲折变化为好，如果树干从根部到树冠顶部都是笔直状显得呆板，欣赏价值就欠佳。斜干式，树干和盆面常呈45° 角。

斜干式用盆常见的有两种情况：其一，用圆形中等深度的紫砂盆，如作品“行云流水”那样。树根右侧紧靠盆钵右壁，树干伸向左上方，树干在全干长的1/2左右时，突转方向伸向右侧，好似回首一望使景物达到视觉上的平衡。盛开的花朵提高了盆景的欣赏价值。

其二，用中等深度或较浅的长方形或椭圆形盆，如作品“倾国倾城”那样。树根左侧靠近盆钵左端，树干伸向右侧，树干在全干长1/2左右处，弯曲成直立向上状。在向上树干的左侧，长出一较长的伸向左侧飘枝，起到视觉平衡的艺术效果。

倾国倾城
石榴
王鲁晓作品

行云流水
杜鹃花
舒芳声作品

悬崖式

悬崖式盆景是仿照自然界中生长在悬崖峭壁上的各种树木形态培育加工而成的。特别是悬崖式老桩盆景，老干苍劲横斜，枝叶大部分生长在伸出盆外下垂的树干上，好似悬崖倒挂，临危不惧，如岩石飞瀑，蕴含着一种刚强、坚毅的特性，别有情趣。

用一般树木制成的悬崖式盆景就受到广大盆景爱好者喜爱，而满树红花的悬崖盆景，更是令人喜爱有加，百看不厌，目迷神怡（见下图“苍龙吐艳”）。

悬崖式观花盆景之所以受到人们的青睐，除了它所蕴含的特有韵味之外，还有两点也是不能忽视的：

其一，培育制作难度大。植物都有自然向上的习性，悬崖式树干远端枝条营养供应不如向上的枝叶好，要使其花繁叶茂，不采取一定措施是不行的。在花木生长、花芽分化、孕蕾期间，先浇水施肥，待盆土稍干，把盆底和地面呈60° 左右角，盆底向南放在特制的几架上养护。这样，悬崖树桩远端在整个景物中处于最高处，远端的枝叶就能获得足够的营养，用来供花芽分化、孕蕾之用。有人称其法为“诱导法”。

翌年春天，花蕾发育、花开之前的一段时间，要经常按上述方法放置，使悬崖远端花蕾获得足够的营养，才能正常的生长、开花。当部分花蕾开放要进行观赏时，再放置正常的位置。

其二，悬崖式盆景造型奇特，创作手法灵活多变，样式很多。自然形成上乘悬崖式观花盆景的树桩非常难得，因为悬崖树桩多生长在峰顶峭壁或高山风口处，生长环境恶劣，一般树桩都难生存，观花树木更难在此环境中生长，制作悬崖式观花盆景多采用树龄不长、枝干可塑性尚存的树木，经过制作者巧妙构思、熟练的制作技艺加工而成。

苍龙吐艳

木棉

张华江作品

一本多干式

一个树墩超过3干者称为多干。各干在树墩不同方位生出，几个树干要有粗细、高低、大小、曲直不同的变化，为主的一干一定是最粗、最高、直立或略有倾斜，方显王者风度，其他几干可直、可斜、也可有一定弯曲，其目的是为衬托主干。几个干在画面呈现高低错落、曲直和谐方显盆景的美，如作品“拥立”。

要创作一件上乘的一本多干式盆景，要运用多种技法和造型原理，是一种集大成的造型艺术，难度较大，各干之间的关系处理不当，常给人以杂乱无章的感觉。因此，要多观看自然界各种树木争让关系，并从中国绘画艺术中领悟线条的节奏、韵律、相互间的关系，灵活运用到盆景创作中。一本多干式的树干多为奇数，也就是5干、7干、9干等，常见的一本多干盆景多为5干，因为干数越多处理起来难度越大。

火
杜鹃花
舒芳声作品

拥立
杜鹃花
舒芳声作品

丛林式

丛林式盆景有3种情况：其一，根据立意构图，把大小、粗细、高低有别的几株同种观花树木栽于一盆之中；其二，连根丛林式，几个树干都生于下部的比较粗的树根上。自然生长连根丛林式树桩很难得到，现在人们常用根系发达、萌芽力强的观花树木，加工培育而成；其三，盆景艺者常把习性相近、不同品种的观花树木或是同品种但花色不同的观花树木，根据立意构图，高低错落、疏密有致地栽于一盆之中，成为一件丛林式盆景。同种观花树木合栽的丛林式有一望无际、茫茫林海之意；多种观花树木合栽的丛林式而具山间林木之野趣，各有各的特色，各有各的情趣。

丛林式盆景树干多为奇数，最少的为三干丛林式。3个树干要高低、粗细、形态有所不同为好。就其树木形态而言，如果主树是直立的，另外两株树木不是直立的，就是略有倾斜。不能主树直立，另外两株树干呈曲干式或临水式，这样和主树形态差别太大而不协调，制成的盆景也没有什么观赏价值。

丛林式盆景多为5干或7干，根据立意构图，把几株树木，高低错落、疏密有致、前后有别地栽于一盆之中。丛林式盆景多用长方形较浅的紫砂盆或水旱砚式盆，如下图六月雪“小丛林盆景”作品。如能找得大小得体的云盆（又称灵芝盆）制成丛林式观花盆景情趣更浓。

小丛林盆景

六月雪

池泽森提供

垂枝式

垂枝式盆景是参照自然界中一些枝条自然下垂的树木，如垂柳等，再经提炼升华，把细长的枝条经过蟠扎制作成垂枝式。制作观花垂枝式盆景，树种的选择非常重要。要挑选那些枝条细长而柔的树种，如迎春、梅花、垂枝桃等。

梅花盆景

冯炳伟作品

制作垂枝式盆景的难度在于垂枝的制作，因为树的新生枝条最易向上生长。制作垂枝式就不能任其枝条自由生长，要根据盆景布局的整体需要，决定下垂枝的位置。制作垂枝时最好先让枝条向上扬起一段，然后再做下垂之势，这样可使盆景骨架优美、刚柔并济，提高观赏性，如右图的梅花盆景。

造型技艺再以迎春为例：每年春季迎春花开败后，首先剪除弱枝、生长部位不理想的枝，其次把所剩枝条进行重剪，一般枝留2~3芽，主要枝条留3~4芽，把枝条先短剪。加强肥水管理并放阳光充足处养护，等新生枝长到10余厘米时进行一次修剪，剪除弱枝、徒长枝以及造型不需要的枝条。当新枝长20余厘米左右时，用绿色线在枝条10厘米左右处缠绕两圈并打结，把枝条向下拉到弯曲度适宜时再把绿线固定到根部或盆沿，其他枝条照此操作。如养护场所宽敞，把枝条加工成四下垂流状。90余天后，枝条弯曲度基本固定后可以剪断、拆除牵拉的绿线。

枝垂花更俏

迎春花

马文其作品

风动式

风吹式盆景原型有两种，其一是生长在山区或丘陵地带风口处的一些树木，自幼受到大风的吹袭，枝条树冠都偏向一侧，树根抓地、强而有力，天长日久，树形固定；其二，在平原或城镇、河湖边，在狂风暴雨之中，一些树干巍然不动，但枝条都偏向背风面，笔者多次身临其境。盆景艺者抓住树木这一刹那的变化，制成盆景，给人以启迪和联想。

风动式盆景是寓静于动，静中有动，无声胜有声。其坚韧、矫健的姿态，受到人们的喜爱。风吹式桩景中的迎风式，树干迎风倾斜，大有“明知山有虎，偏向虎山行”大无畏的精神，给人一种力量感。顺风式盆景，枝叶都偏向一侧，是风速的一种表现，有浮萍顺水、随波逐流之意。

如下图冯炳伟的梅花作品，该梅桩的枝条呈顺风式，树干略有弯曲，枝条伸向右侧，好似大风长期吹袭而成，实是人为加工制成。枝条的弯曲，一是用金属丝缠绕蟠扎（注意金属丝和枝条粗细比例），二是用线牵拉。用线牵拉使枝条弯曲对枝条没有损害，不足之处是枝条弯曲度不能自如。

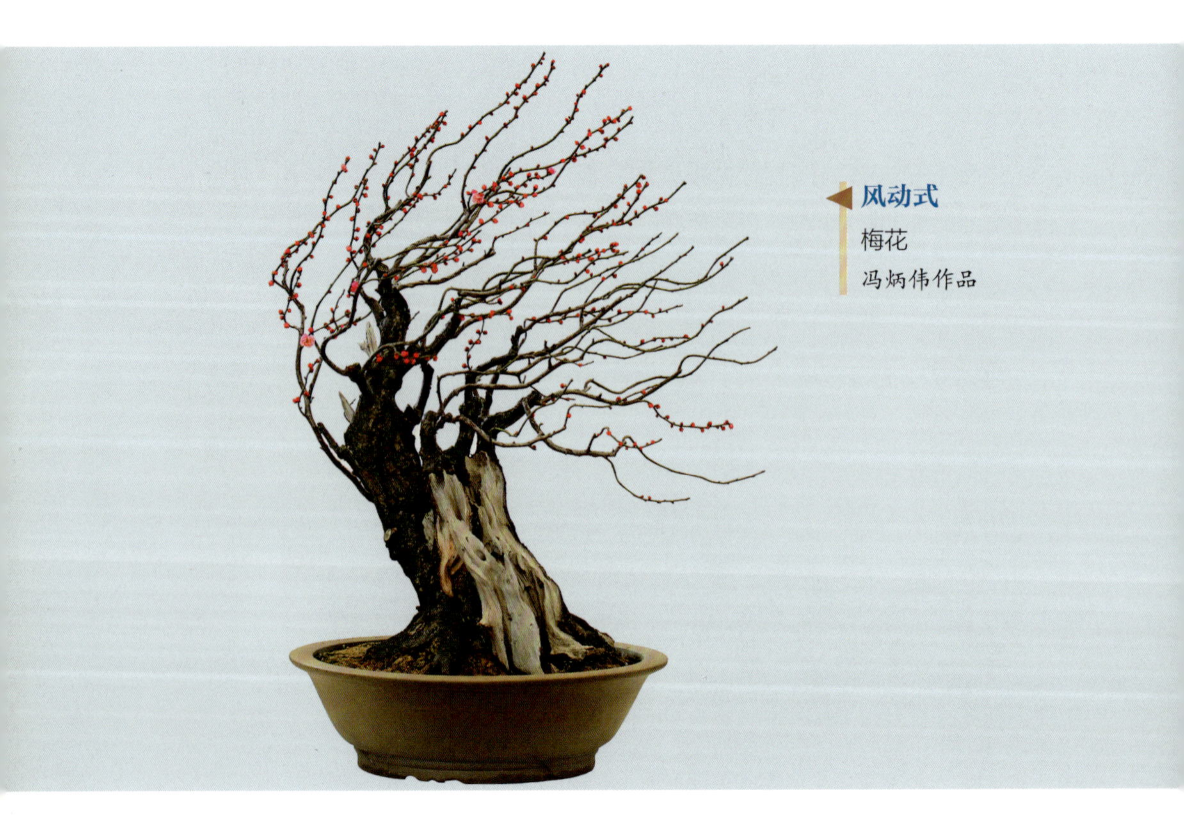

风动式
梅花
冯炳伟作品

提根式

自然界中，一些生长在山坡、河边等处的树木，由于长期受到雨水冲刷，根部土壤流失使树木根系逐渐裸露出来，其中的须根和较细的根，由于受日晒或寒冷的侵袭失去生命力而枯死，但主根和较粗的侧根却顽强地生存下来，并努力向地下延伸。再经风吹、日晒、冰雹等作用，使树根姿态奇特，有的嶙峋苍老，有的盘根错节，有的似鹰爪刚劲，有的如盘龙虬曲。这些姿态多变的树根提高了整棵树的观赏性。

提根式又称露根式。自然界中提根观花树木非常难得。制作提根式观花盆景常选适应性强、根系发达的花木，如迎春、杜鹃、六月雪、金银花等树种。在幼树时就把主根剪断，以利侧根的生长。每年换1次盆，利用换盆之机，每次把根提高2厘米左右。经过3~4年的培育根可提高8~10厘米，在此期间，根据立意构图，对树干和枝条进行修剪或蟠扎造型。

“树不露根，形如插木”“树桩露根爪，方显老树态”，这些说法都充分表明了露根在盆景造型中的作用。这一类盆景着重表现的是根，所以用盆以浅盆为好，盆太深会影响观赏效果。不管是形如钢爪还是宛如龙蛇般的根，都需与主干做好搭配，做到浑然天成。并且根最好有藏有露，藏露得当方显自然。

小鸟天堂
石榴
王鲁晓作品

满堂红
杜鹃
陈德伟作品

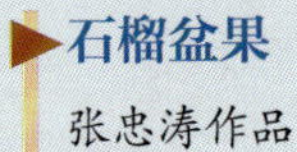
石榴盆果

张忠涛作品

第2章

观花盆景常用树种

本章重点介绍梅花、月季石榴、桂花、山茶、黄槐、紫藤、紫薇、蜡梅、碧桃、六月雪、三角梅、金雀、杜鹃花、垂丝海棠、迎春、连翘、凌霄、月季、黄素馨、茉莉花等20个常见树种的生物学特性、取材与培育、上盆与造型、促花技术以及养护管理等内容。

1 ▸梅　花 *Armeniaca mume*

科属：蔷薇科杏属
别名：春梅、干枝梅等

相映成趣（梅花）马文其作品

梅花清香怡人、清净素雅，具有很深的文化内涵。故而，梅花盆景追求造型美、和谐美与意境美的统一。选材多样化，可制作直干式、斜干式、枯干式、曲干式、露根式等造型，主要表达出疏影横斜、古朴典雅、清秀灵动之意境。

生物学特性

形态特征　梅花系落叶乔木，树形开展，树冠多为圆形；树干褐紫至灰褐色，有纵驳纹；单叶互生，广卵形至卵形，先端尖，边缘具细锐锯齿，幼时两面被短柔毛，后多脱落，叶柄长1厘米左右。2~3月份开花，先花后叶，单生或2朵簇生。多无柄或短柄，花径2~3厘米，花瓣5枚，常近圆形，花色很多，常见的有白、红、粉红、紫红、淡绿等，清香宜人。果实球形，黄色或灰绿色。果可食用或入药。

生长习性　梅喜温暖气候，耐寒性不强，较耐干旱，不耐涝；花期对气候变化特别敏感，喜空气湿度较大，但花期忌暴雨。生长期应放在阳光充足、通风良好的地方，若光照不足，则生长瘦弱、开花稀少。

分布情况　梅花原产我国长江以南，在大巴山、岷山、秦岭等地还有野生树种。目前，全国各地都有栽培。梅花变种很多，如绿萼梅、黄香梅、游龙梅等。

▸梅花盆景
冯炳伟作品

韵律

梅花

冯炳伟作品

取材与培育

梅树繁殖方法很多，可用播种、嫁接、扦插、压条等。用播种繁殖，方法简便，一次可获得大量苗木。实生苗多为单瓣花，不好看，常用于园林绿化或作砧木来嫁接优良品种。嫁接有枝接和芽接两种，枝接常在2~3月或10~11月进行，选用桃、李树作砧木为好。接穗用1年生健壮优良品种枝条中部，保留有2~3芽，长度一般为5~6厘米，切接或劈接均可。但要注意砧木和接穗的形成层紧密接触。如砧木粗接穗细，两侧形成层难以都对上，一边对齐也可以。然后用塑料薄膜绑捆好，使嫁接处不要淋进雨水。梅树硬枝扦插，常在长江流域应用。一般在秋分前后进行。因梅树品种不同成活率差别较大。压条多在长江流域进行，用1~2年生健壮枝条先环剥再埋入土中3~4厘米深，多在早春2~3月，也可在梅雨季节进行。

制作梅花盆景，为了快速成型常采用有一定树龄的盆栽梅树。苗圃、集贸市场常有6~7年生或更长树龄的梅树，根据个人爱好，挑选有一定姿态的，进行以剪为主、以扎为辅的方法培育造型。梅花盆景可制成斜干式、曲干式、悬崖式、风吹式、疙瘩式等。常见梅花盆景是单株成景，也有双株栽于一盆之中的，也有人把松、竹、梅栽于一盆之中，称“岁寒三友”。

把一株有5~6年树龄的梅树修剪培育成斜干式梅桩盆景的过程见手绘图。

第二次对枝条进行重剪并翻盆之后，加强管理，适当多施全元素的有机肥，以促使枝条生长，少施或不施含磷较多的肥料，因这时不是为了促花，而是让枝干生长茂盛。

斜干式梅桩盆景的制作过程

（1）有5~6年树龄盆栽梅树，观察后确定枝条的去留

（2）修剪后，把梅树干向右侧倾栽于瓦盆中培育

（3）培育2年后的树相，把枝条进行第二次修剪

（4）修剪后的树相，翻盆后继续培育

梅花盆景

冯炳伟作品

铁骨丹心

美人梅

马文其作品

上盆与造型

第二次重剪翻盆培育1~2年后，梅树基本成型，在梅花开败的早春应换观赏盆进行造型。梅花盆景多用紫砂盆，亦有用釉陶盆的。梅花在浅盆中生长不良，应用中等深度或较深的盆。在选盆时还应注意两点：其一，盆钵的色泽不可与花色相似或相近；其二要以梅树造型款式来选择盆的样式，曲干式、斜干式多用中等深度的长方盆或椭圆形盆，也可用方形盆或圆形盆，悬崖式常用签筒盆。

第二次重剪培育2年换成椭圆形紫砂盆后花朵开放时的树相

梅树对土壤要求不严，但在疏松富含腐殖质、透水性能好的沙质土壤中生长良好。在翻盆、换盆时，把旧盆土去除一半，在盆底放已发酵的少许动物蹄片，补充新的培养土为好。利用翻盆、换盆之时，对枝条和根系进行适当的修剪使树形更加优美。我国古人对梅树描绘留有不少诗篇。如明代陈仁锡在《潜确类书》中曰："梅有四贵：贵稀不贵繁；贵老不贵嫩；贵瘦不贵肥；贵含不贵开。"范成大在《梅谱后序》中曰："梅以韵性，以格高，故以斜横疏瘦，与老枝奇怪者为贵。"从上述两位古人的论述中可以看出，古人喜爱枝干稀疏横斜的梅树，尤其对老桩梅树喜爱有加。这种欣赏习惯至今不变。

所以，我们在修剪梅树盆景时要使所留枝条达到稀疏横斜为好。树干挺拔、枝繁花密，反而降低梅树盆景观赏价值。如下图古桩梅花盆景，树干倾斜而弯曲，枝条稀疏横斜，花朵怒放，看似简单，但具有较高欣赏价值。

古桩梅花盆景

促花技术

修剪　梅花的花芽是在当年生新枝上形成的，若使梅花多着花，每年梅花凋谢之后就应将老枝进行短剪，一般一个枝条仅留2~3芽，并要注意远端芽向外侧生长。要及时剪除造型不需要的枝条。见右侧手绘图。

摘心　当新枝长到20厘米左右时应去除顶芽，对长势弱的枝条，在枝条长到10余厘米时就摘心。因梅树放置场所不同，气温差别大，枝条的生长量也会有所不同。北京地区在封闭的阳台上养梅树，4月底或5月初当年生枝条就可达到20余厘米长；若在室外养梅树，要到6月中下旬才能长到20余厘米。

施肥　开花植物都需较多的磷钾肥，翻盆时盆底应放适量已发酵动物蹄、角片或骨粉。除正常施肥外，在花芽形成前的5月初施1次已发酵有机液肥，5月中旬施1次0~2%磷酸二氢钾。在11月下旬或12月初再施1次0~2%磷酸二氢钾，有利花芽的分化和成长。

梅花开花及花后的修剪

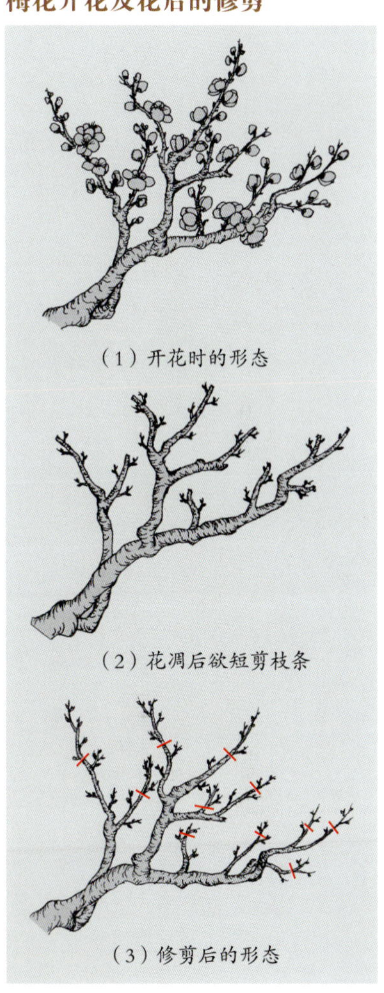

（1）开花时的形态

（2）花凋后欲短剪枝条

（3）修剪后的形态

含苞待放
梅花
胡一民作品

梅花盆景

田丽作品

养护与管理

场所　梅花喜欢阳光充足、温暖而又略潮湿、通风良好的环境。阳光照射不足，是造成花少的原因之一。梅花虽较耐寒，但盆栽梅树在北京地区仍需入低温室内越冬，地栽梅树可在室外越冬。在南方，盆栽梅树也可在室外越冬。在北京地区春节要观花时，应提前数十日把梅树移入温度高一些向阳的室内。如置封闭阳台上，日平均温度10℃左右，应提前4周；如放置16℃左右向阳处，需提前3周左右，因温度提高，水分蒸发快，每天需向梅树喷清水，养护场所的地面最好1~2天也喷1次水，提高湿度。8~9日，可施1次0~2%磷酸二氢钾液肥，施2次即可。到预定观花日前1周观看花苞生长情况，确定是仍保持原温度，还是把温度再提高几度，以达春节有花可看的目的。花苞大部分开放后，把梅树放置5℃左右环境，可延长花期。

浇水　冬季温度低，要少浇水，只要盆土湿润就可不浇。随气温升高，梅树逐渐进入生长旺期，需水量增加，这时浇水要见干就浇，浇则浇透，浇透以盆底排水孔有少许水漏出为标准。5月下旬至6月下旬是梅花花芽生理分化前期，要适当少浇水，以减慢枝条生长速度，当新生枝条梢尖有轻度萎蔫时再浇水，这样反复几次有利花芽的分化。进入7月要正常浇水。7月中旬至8月中旬是花芽分化旺盛期，需要较多的水、肥，以利叶片进行光合作用。梅树怕盆内积水，遇有连雨天时，需把梅树盆放到或移到无雨水处。

施肥　梅花喜肥，在生长过程中需要较多的氮、磷、钾。在生长季节，每月应施1次腐熟的有机液肥，然后再根据花芽生长情况临时增加施肥，在“促花技术”一节内已有详细介绍，不再赘述。

修剪　正确的修剪不但是促进多花的措施，也是维护造型和使树形更加完美的不可缺少的技术。梅树的修剪多在花凋谢之后进行，但春季常在老枝、有时在树干上萌发新芽，凡造型不需要的枝条都应及时剪除。为弥补造型不足而保留的新枝条，花凋谢后也应进行短剪。

翻盆　树龄不长的梅树，每年或2年翻1次盆，时间以花后的2~3月进行为好。翻盆时除对枝条进行修剪外，把旧盆土去除一半，剪除枯根，剪短过长根，如果因树木的生长，原盆钵显得小时，可换大一号盆钵，换以新的培养土。如果是老桩梅树2~3年翻1次盆，除对枝条、根系修剪和增添新的培养土，盆钵仍可用原来的。

病虫害防治　梅树病害主要有缩叶病、白粉病、炭疽病等，可用0~5%波尔多液喷洒防治。虫害主要有梅毛虫、蚜虫、介壳虫、红蜘蛛、天牛、刺蛾等，可用80%敌敌畏1500倍液喷洒防治。在防治梅树病虫害时，注意不要用乐果等含磷农药，以免引起梅树落叶，对花芽分化生长不利。

2 月季石榴 *Punica granatum* var. *nana*

科属：石榴科石榴属
别名：花石榴、牡丹石榴

石榴盆景 张忠涛作品

月季石榴是石榴科属中一个非常稀有的珍贵品种。枝繁叶茂，花大果多，花多且花期长，冬天适当防寒保护，仍能坚持开花。具有极高的观赏价值和广阔的市场前景，是非常好的观花树种。本节从观花树种的角度选取的是月季石榴来讲述，但其中的内容通用于其他石榴品种。

生物学特性

形态特征 月季石榴为落叶小乔木，植株矮壮，小枝四棱形、枝密、柔软；叶椭圆披针形，在长枝上对生，在短枝上簇生，叶色翠绿，有光泽，郁郁葱葱，碧绿晶莹，十分逗人喜爱；花朵葫芦状、肉质，绽放后重瓣层层叠叠，花冠直径约6厘米，绚丽多姿，可与牡丹媲美，故又名牡丹石榴。花萼较硬；果较小，呈灯笼状或近球形。根系发达，茎干虬曲，枝条柔软易造型。

生长习性 喜阳光充足和干燥环境，耐干旱，不耐水涝，不耐阴。对土壤要求不严，以肥沃、疏松的沙壤土为好。

产地分布 原产中亚的伊朗、阿富汗。现我国多地有栽培。

石榴盆景
张忠涛作品

俏不争春
石榴
王鲁晓作品

取材与培育

扦插　扦插时于6月间选取木质化、现蕾的枝条剪下插穗，立即扦插，半遮阳约15天生根。生根后改为全日照可当年开花。

压条　分株时同样选取带花蕾的枝条也可当年开花。

挖取　10年前花友因建房将地栽的一株月季石榴送给我，植株主干苍老奇特，又因久历沧桑岁数较大，千疮百孔，蛀洞多处可见光，显示着瘦骨嶙峋、铮铮傲骨，但是依旧枝繁叶茂、繁花似锦。

养桩　挖取树桩后剪除无用枝，留用枝也要剪短以减少水分蒸腾和促发侧枝；同时剪除部分长根和无用根，促发新根。然后审视，全面构思，胸有成竹地确定盆景树要表达的主题，因材制宜，因树造型，设计整理出能与树桩协调的骨架和外形，使之美观。养桩时种植在大木箱中，由于透水、透气好，培养土较多，能促使其尽快恢复成活和生长茁壮。

培育中的修剪、蟠扎　养桩成活后枝条生长较快，需要继续修剪蟠扎枝条，使之形成互枝即左右侧枝、前枝和后托，如果枝条改变方向或欠缺时要进行蟠扎牵引、培养和补缺。枝条比较笔直时可用铁丝蟠扎打弯，使之按预定的方向和弯曲姿态生长。打弯时最好选择在晴天下午进行，并用大拇指护着弯曲内侧预防折断。

再回首
石榴
王鲁晓作品

上盆与造型

选盆原则　高树用浅盆；矮树用高盆，花盆既要适于树木的生长，又要美观便于陈设。

用土　要求疏松、湿润、肥沃、排水良好的土壤，土壤中含有粗沙或石砾更为理想。略耐碱不耐酸。

栽种季节与方法　栽种季节以春季为好。①垫盆，用龟背瓦片凹面覆盖盆孔，不使泥沙漏出，又有利于排水。②上盆过程，底层加入粗沙或机砖屑以利排水通畅。然后一手扶正树桩，另一手填入培养土至满盆略为上提、摇动、压实，使盆土低于盆沿2~3厘米，以利浇水和施肥。③上盆后浇足定根水，遮阴3~7天可恢复生长。

修剪、蟠扎　①修剪可以转移树枝顶端优势，重新分配营养，加强通风透气，减少虫害，促进生长和发育，调整树势，协调比例，增加分枝，美化树形，促花果，使盆景形态、姿态得到最佳观赏效果。②枝条在生长过程中往往会变形或改变方向，故需要继续蟠扎、牵引和修剪，使盆树按照原来构图生长和造型并得到特殊的观赏效果。

造出理想造型　以下图为例。因石榴树干较细，观赏性欠佳，选一段有分枝的枯木，把枯木分枝端向下插入石榴树干前端盆土中，树干依附枯木生长，整体看上去挺拔有力，展示另一番景象。之后换上事先选好的圆形几架，一件附木作品就完整呈现出来。该作品虽然不大，但枝繁叶茂，有花有蕾，在黑色几架衬托下，更显雅致。

枯木　　附木前造型图　　成型的附木石榴盆景

榴花雨
石榴
王鲁晓作品

鸿运
石榴
王鲁晓作品

峥嵘岁月
石榴
王鲁晓作品

促花技术

定期修剪 盆树修剪后可促发新枝多生花芽、多开花、常开花。花期不开花多因叶片过多，叶多则少花或不开花，故平时应多摘除嫩叶，花谚云："石榴多打头，花硕红似火"，但秋末、早春不宜剪截，以免影响开花。

加强光照 将盆树放置阳台或晒台上接受全日照，并注意通风良好，方能进行光合作用，制造有机物质，满足生长发育需要。月季石榴属强阳性，喜光。有充足的光照才能形成花蕾，并且花色鲜艳。将盆树种植在较大的浅盆里，使土壤接受光照面积大，有利于对土壤进行杀菌和增加盆内养分。

花期多施肥料 肥料三要素是氮、磷、钾，三者配合使用能使植株完全吸收、植株健壮。磷肥能促使花芽分化和成熟，使花大、色艳、香浓，促进开花结果。氮能使植株生长旺盛，花叶繁茂。钾能增加植株抗逆性、减轻病虫害、预防倒伏、提高观赏效果。

花后管理 对即将开败或已开过花的花序，要及时剪去，不让其坐果。这样可以减少养分的消耗，促使下部腋芽萌发新的花枝，促进新花的形成。

石榴盆景
马伯钦提供

石榴盆景
张忠涛作品

养护与管理

场所　春、夏、秋三季可放置阳台或晒台之上接受全日照；冬季休眠，在5℃左右能越冬。

浇水　肥料的吸收、利用，有机物质的运转以及呼吸作用都离不开水。浇水时冬季控水，干再浇，宜在上午10：00至下午14：00，夏季宜在一早一晚，每次要浇透，不可表湿里干；花期控水以防落花。春秋两季每日浇1次。不可浇得过勤，长期过湿，会烂根枯死。

施肥　土壤中的营养元素不能满足长期需要，故需施肥以补充。施肥分为基肥、追肥和根外施肥。春季以氮肥为主，促进枝叶生长；夏季以磷肥为主，以促花芽分化与开花；初冬以钾肥为主，提高抗寒能力。梅雨减肥以防烂根，冬季休眠停肥。具体来说春后花前、花后勤施稀薄肥，10天1次。花期不施或少施。施肥宜薄肥勤施，忌浓、重肥，以防肥害。

修剪整型　盆景定型后继续生长，如不定期修剪，形成层次不分、疏密不当，状如野木丛生，降低盆景的观赏效果。故必须经常：摘心，摘心可控制枝条生长，促多发生侧枝，保持造型优美。抹芽，抹去枝干和基部腋芽、不定芽，以集中养分，保持株形优美。修枝，剪除枯枝、平衡枝、交叉枝、徒长枝、腋枝等，以利盆树健壮，保持原来优美的造型。细枝用剪、粗枝用锯，切口与着生枝齐平，不留短桩。蟠扎枝条，月季石榴枝条生长快，而且枝条笔直、不美观，必须用铝线蟠扎打弯，达到有一定弯曲，使枝条曲折多姿。整型，经修剪、蟠扎、牵引后制作成理想造型，要层次分明、疏密得当。或者主干苍老、奇特，枯荣共存，风姿绰约，出神入化；或者悬根露爪，整体雄奇兼备、造型优美，颇似山野古树，使人赏心悦目。

换盆　换盆是由小盆换大盆，或只换土不换盆。换盆原因一是树大根系布满全盆，影响植株生长，故需换大盆以扩大根系的营养面积；二是盆土经长期吸收利用，营养减少或消失，物理性质变坏，不利生长故需改换新土。

换盆前不浇水使盆土干燥便于脱盆，换盆时以左手分开手指，放在盆树基部，抱起花盆倒置，右手轻拍盆底或在硬物上轻磕盆边；也可用与筷子一样大小的铁条二支平衡插入盆孔顶住龟背瓦片，用力推出。

盆土倒出后清除盆树周围泥土约70%（留土团1/3）。剪短长根、无用根，然后按照上盆方法加入培养土。浇足定根水，放置阴凉处3~7天可恢复生长。

病虫害防治　主要虫害是蚜虫，使嫩叶和新梢皱缩、卷曲，以致干枯、花少，并发煤烟病，而引起落叶甚至枯死。可用40%乐果加水2000~3000倍喷杀，1周后再喷1次。有时发生卷叶蛾、袋蛾、刺蛾，也应注意防治。

3 桂 花 *Osmanthus fragrans*

科属：木犀科木犀属
别名：岩桂

桂花，花香浓郁、香气逼人，深受大家的喜爱，其造型千姿百态、苍古浓郁，是集绿化、美化、香化于一体的观赏与实用兼备的优良盆景树种。

桂花盆景 杨康明提供

生物学特性

形态特征 桂花系常绿乔木。单叶对生，革质；椭圆形至卵状椭圆形，深绿色，边缘有稀疏锯齿或间有全缘。花小如粟米，五裂，簇生于叶腋，聚伞花序，有香味。原产我国西南、华中一带，全国各地普遍有栽培，是木本香花中的佳品。常见花色有白色，四季开花的为四季桂又名月桂；长期开花的为日香桂；乳白色为银桂；深橘色为金桂；深橘红色为丹桂等。

生长习性 桂花喜阳光、温暖和湿润环境，畏严寒、干燥，适宜在土壤疏松肥沃、排水便利的条件下生长。

分布情况 桂花原产中国西南喜马拉雅山东段。四川、陕南、云南、广西、广东、湖南、湖北、江西、安徽、河南等地均有野生桂花生长，现广泛栽种于淮河流域及以南地区。

桂花盆景
杨康明提供

取材与培育

繁殖　①盆景用材因播种和组培方式养育，成株较慢，一般少用，但苗圃批量生产还须重视此类科学方法，可减少山采破坏环境。②夏季扦插，取较成熟嫩枝保温湿，养活虽然尚可，但也难速成。③压条，以硬枝折弯处环剥枝皮埋入土中，或高枝压条包扎养根，一般半年至10个月可切离原枝另植，大体与扦插速度差不多。④嫁接，以女贞属或白蜡属砧木靠接，是盆景创作最喜用的形式。

获取大树桩　盆景大桩头的取得，主要是市场选购、苗圃选购、山采挖掘等，要注意山采不可破坏环境。苗木栽培要选阳光充足、通风良好、不积雨水、土壤肥沃的地方。最好少伤根，连带稍多原土，采挖选取秋季树木大幅度减缓生长后至春季开始萌发前这段时间。

苗株培育　苗株应在春季施肥催壮，旱季适时浇灌。淮河以北冬有寒霜，不可地植，只能盆养。小株高达30厘米后即可对主干适度造型。购得或挖得大桩按事先构思锯截修剪并养活后，随新枝生长开始管理。

桂花的土埋压条繁殖

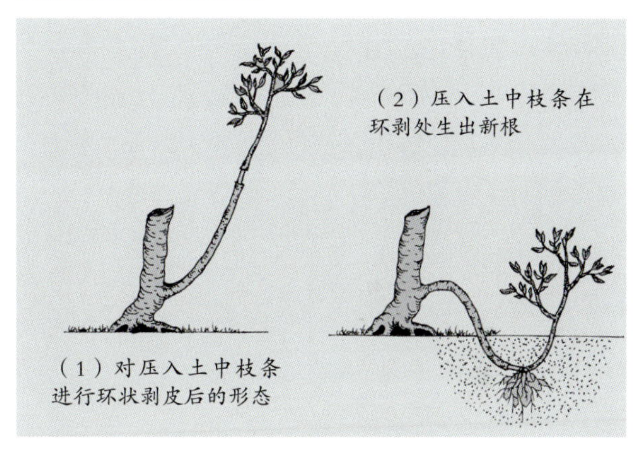

（2）压入土中枝条在
环剥处生出新根
（1）对压入土中枝条
进行环状剥皮后的形态

高枝压条

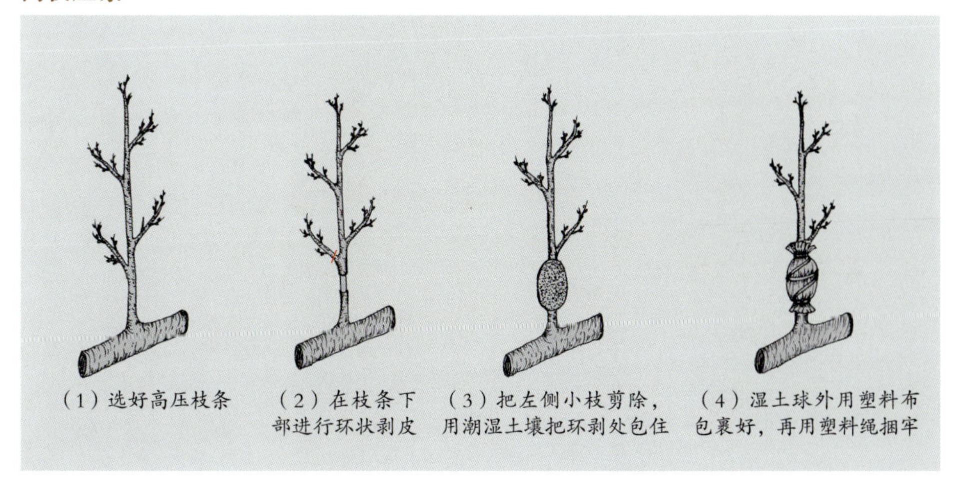

（1）选好高压枝条
（2）在枝条下
部进行环状剥皮
（3）把左侧小枝剪除，
用潮湿土壤把环剥处包住
（4）湿土球外用塑料布
包裹好，再用塑料绳捆牢

以女贞为砧木靠接桂花

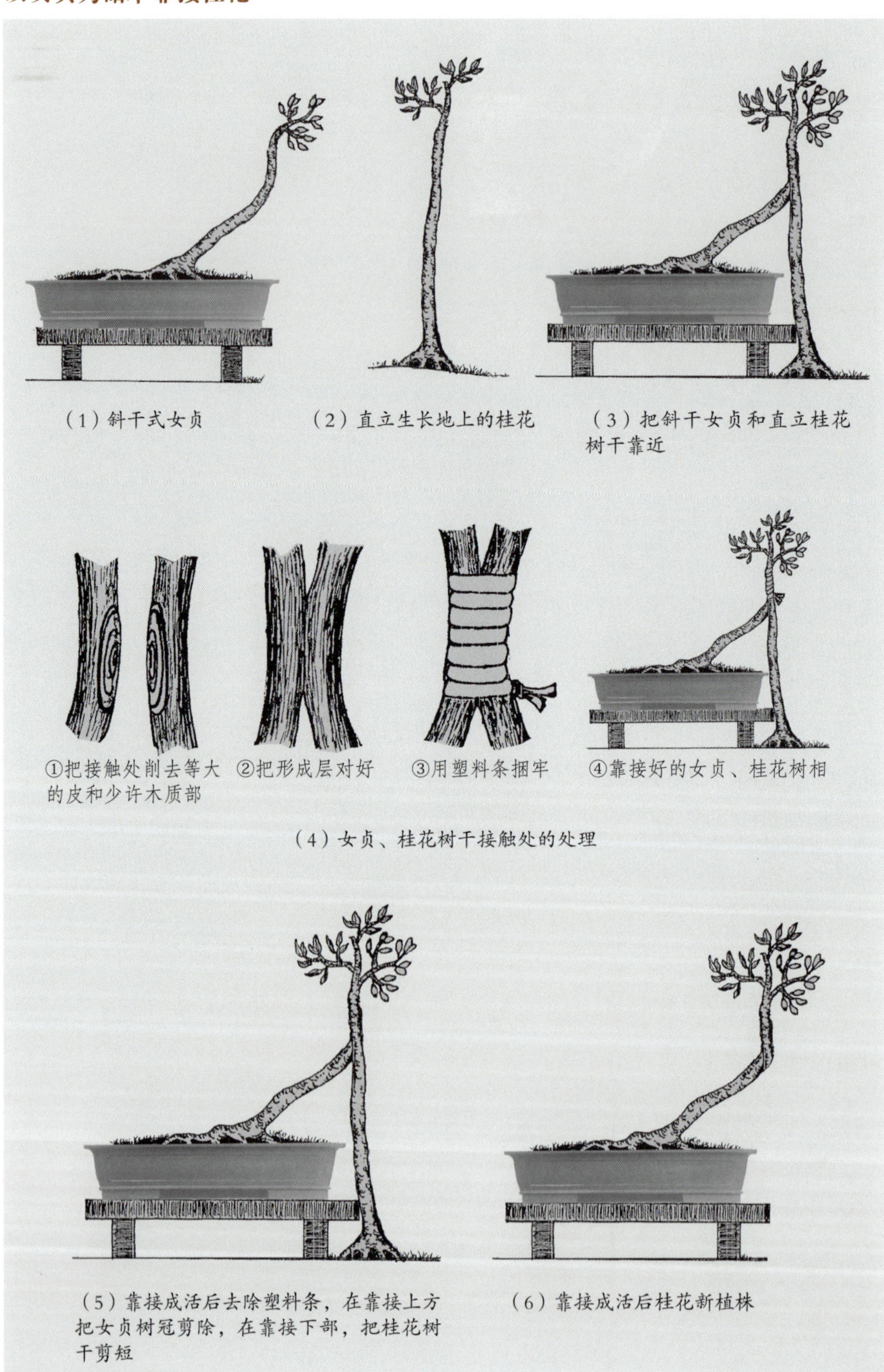

（1）斜干式女贞

（2）直立生长地上的桂花

（3）把斜干女贞和直立桂花树干靠近

①把接触处削去等大的皮和少许木质部

②把形成层对好

③用塑料条捆牢

④靠接好的女贞、桂花树相

（4）女贞、桂花树干接触处的处理

（5）靠接成活后去除塑料条，在靠接上方把女贞树冠剪除，在靠接下部，把桂花树干剪短

（6）靠接成活后桂花新植株

上盆与造型

先在地上或泥盆中养育，预先确定正式上盆时的桩形设计并据此栽植桂苗和大桩；随时剪除多余桂树枝杈，拔除无用新芽；随桂桩主干和枝的长大跟踪作弯；对桂花干和枝跟踪修剪促杈；分别制作桂枝上的团片，组合营造与桩干和谐匹配的树冠形态。

桂花是乔木，这决定了它直生强壮的特点，所以一般盆栽大多直生向上，苗株尚小进行培育时，就应考虑对盆景桩头进行处理，比如适度斜植、蟠扎弯曲等；对根基近边裸露脚爪作技术处理，比如把平伸于干基四周距干近处的根蟠扎作弯，稍离干基处再使之向下入土等；对留用分杈作向外开张的蟠扎，以避免树冠内膛枝杈过多拥塞等。

桂枝当年生的半嫩梢还较柔软，易作蟠扎时即不失时机地用竹钩牵拉、棕线扎弯、金属丝缠后捏弯等手段，为枝作弯，待木质化并长粗后会变得硬脆，所以蟠扎要分时段一步一步地小心进行，以防折断。修剪宜勤，尤其在生长期可随时进行管理。加快造型完成。

造型大致到位时就可考虑正式上盆了。针对桂花桩形，如整体相当高大，可上偏深的圆形或方形盆；如桩形稍高大，应上中深度矩形或椭圆盆；如株形矮宽则应上横长偏浅矩形或椭圆形盆；小桩必须上与之相当的小尺寸各类形状的盆钵。大桩上盆，还为了防止受外力推倒，应在桩身按设计形态垫置正确，最下部位绑金属丝通过盆下水孔与盆固定牢靠。

盆土须用含较多腐殖质、pH6.9~7.2的疏松培养土，然后轻轻塞足空处，浇水沉实。刚上盆的作品不宜在较严重的风吹日晒的环境下摆放，可阴置7~10日后再移开，置于自然条件下。

把桂花树直立枝蟠扎后向外开张

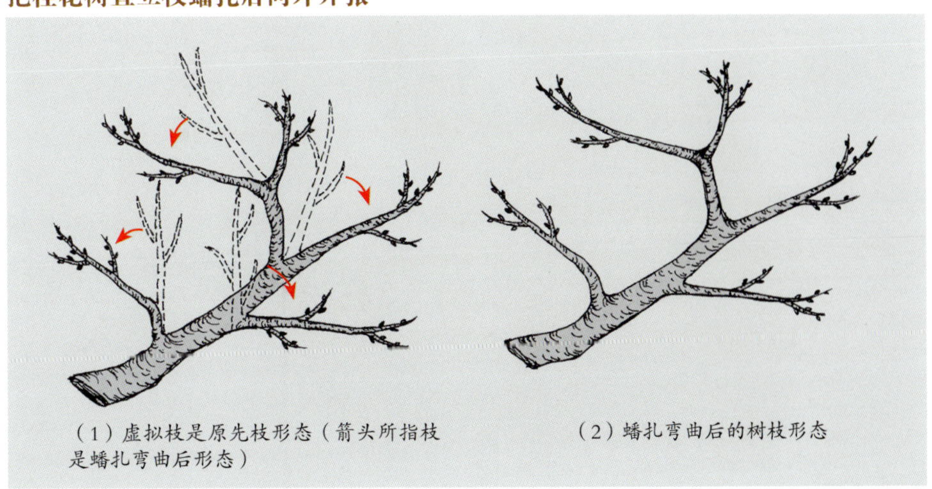

（1）虚拟枝是原先枝形态（箭头所指枝是蟠扎弯曲后形态）

（2）蟠扎弯曲后的树枝形态

桂花盆景

范鹤鸣作品

桂花盆景

杨康明提供

促花技术

一般来说，壮株桂花应该花茂香浓，桂株不开花或花不旺时，先看基本条件，如土壤是否多年未更换，换过的土是否缺少腐殖质而过于板结，场地近处是否有较浓的煤烟或其他化学污染，环境采光、通风是否良好等，具体需解决这类问题。此外，做好：①调整土壤pH，检查盆土的pH，如果土壤已偏碱，可在盆边土下埋放硫黄粉，小盆用数克，中大盆加量，起酸化作用；或每月以5%硫酸亚铁水浇灌盆土，徐徐调整土质使之达标；还可配用2%硫酸亚铁水喷洒叶面，也能促花。②合理施肥。南方有“要想桂花香，全靠猪粪缸”一说，平时施肥力求氮、磷、钾等主要元素不缺，保持薄肥勤施，夏末花蕾出现之前，更需增加施用含丰富磷、钾元素的肥料，以促开花，能用对环保有利的农家肥更好。

桂花盆景
杨康明提供

桂花盆景
杨康明提供

养护与管理

春季　北方桂株出室或出窖时应有个过渡阶段，以防止桂株突然遭受低温、低湿、强风、烈日，难以适应。比如，出室、出窖前先开窗，开窖口与大自然接触1~2周，待锻炼适应后可保新芽新叶不致迅即枯干而造成遗憾。南方春季正常管理即可。在春季，首先是有些桂株需翻盆换土，有些需修剪，对春芽在不当处萌发的要及时拔除，对枝杈作蟠扎。另外，要进行施药杀虫等防病工作。

夏季　松土、除草，并修剪徒长枝减少营养浪费；初夏追肥，避免营养不良；中夏、晚夏停肥，防止烧根；给予强光长日照，保蕾促壮。

秋季　加施磷、钾肥催花；花期展示；花后追薄肥复壮，继续修剪整形。

冬季　对全株喷施杀菌杀虫药；南方置露天向阳背风处；北方须采取有效防寒措施，入室或入窖，让桂桩在不低于5℃环境下越过严冬最为安全。

南方桂花盆景自然花期在初秋至中秋，北方稍长些约在初秋至晚秋。花蕾期升温加光可使花期提前；反之，花蕾期降温遮光则可使花期延后。各地条件差异，可在不违反植物学规律的大前提下摸索经验，在一定范围内让桂花盆景听人“指挥”适时开花参展。

桂花盆景

杨康明提供

桂花盆景

杨康明提供

4 茶　花 *Camellia japonica*

科属：山茶科山茶属
别名：山茶

婀娜多姿（茶花）钟勇军提供

茶花因其株形姿态优美，花形艳丽缤纷，而受到人们的喜爱。茶花盆景的制作应选用树形完整、体态丰盈、苍古虬曲的桩材，以体现舒展、奔放、潇洒的意境。

生物学特性

形态特征　茶花系常绿小乔木或灌木。株高3~4米，茎干灰褐色，皮光滑，枝多直立；根肉质；单叶互生，革质，暗绿色有光泽，卵形或椭圆形，长5~10厘米，叶端有短钝尖，基部楔形，缘有细锯齿；花两性，常单生或对生于枝头或叶腋，冬、春开有白、粉、红、紫、黄等单色或复色花。单瓣或重瓣近圆形，顶端微凹，花期在2~4月，单朵开约 2 周；蒴果近球形，径2~3厘米，秋季成熟。品种很多。

生长习性　茶花喜凉怕炎热又怕严寒，最佳温度为18~25℃，喜湿润厌干燥，干热时须多为叶片喷水，盆栽难于忍受0℃以下的低温，温度在22℃以上时花朵即会败落；喜薄肥厌浓肥，喜微酸性壤土，理想酸度pH5~6.5，厌碱，中性土也生长不良，土壤过于细黏而不透气则易烂根；喜半阴。

分布情况　产我国南部及西南部，现在各地都有栽植，但制作盆景并不很多。

茶花盆景
罗树强作品

取材与培育

购买 山采会破坏环境，不可自行采挖。购买苗圃或市场上的商品株较为方便。

扦插、压条 个人繁殖过程偏长，必要时扦插、压条能得小桩。扦插苗、压条苗培育盆景桩头须3年才可初具小桩形态；种子苗须5年。培育以地畦方式最好。

嫁接 便宜购得野茶花桩、实生樱桃苗桩等作砧木，春、秋两季嫁接好品种茶花枝穗是另一种更好的渠道，尤其适宜制作盆景桩。嫁接还能在一株砧木上接多色枝穗，开花时更显璀璨绚丽。

水肥 强调必须用微酸性的培养土，忌水沤、肥大，防止根腐发臭，炎夏和冬寒两个阶段必须停肥，苗期管理须严格细致地关注。

湿度温度 环境最好是湿润的阴凉地，如在较干燥环境，最好能每日对叶面喷水，冬季最好见阳光，暴晒和干风是茶花大敌，温度达35℃后叶会灼伤，冬日突然入室升温会导致萌芽，最好有个过渡，春暖出室也有过渡才好。

花芽管理 常除根际不定芽，防根蘖成丛。在主干上也不留多余芽、枝。一般幼株头3年内，不让它开花，因为孕蕾会严重影响茶株生长。有时剪下的扦插枝上就有花蕾，应果断地摘蕾以利养株，不然勉强开花耗尽内力会造成插枝不活。

茶花取材的切接法和芽接法示意图

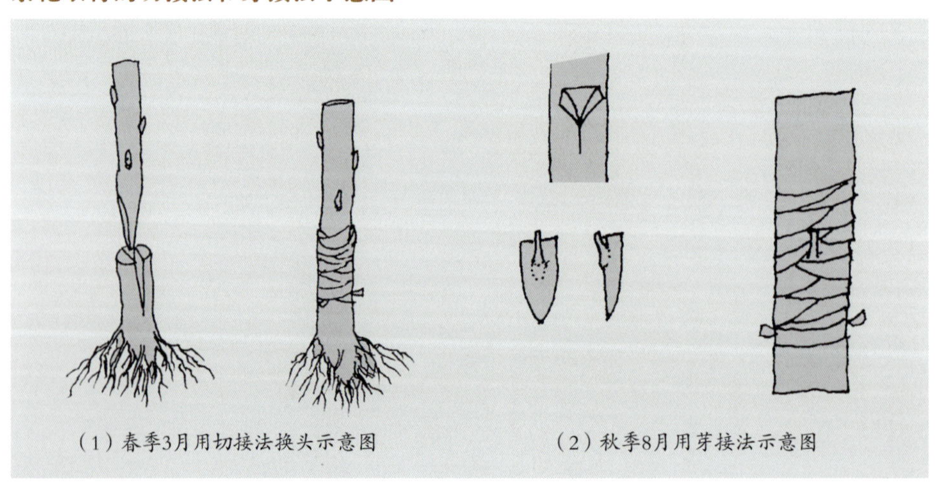

（1）春季3月用切接法换头示意图
（2）秋季8月用芽接法示意图

促花保花技术

①茶花与其他花卉一样，春、秋两季适度薄施营养肥和矾肥，尤其初秋应加施磷、钾肥2次，促花，坐蕾于9月，枝上叶腋可分辨出肥短花芽与瘦尖叶芽。②对于以后将剪除的过低位枝、交叉枝、平行枝、弱枝、内膛枝、畸形枝等，其上的花蕾一律拔除不留。大枝上每枝只留花蕾1~2个，为的是节约内力。③5年小株上最多留3朵花，每个蕾下叶片不少于5片，也是为了保证花开质量。④群花开至有些花已有败谢模样时，就随时把出现老相的残花除掉，不让它无谓地消耗营养，这样复壮更容易。同时由于造型要求，应适时剪掉多余枝，以利全株生长。

上盆与造型

上盆 最佳时机是4~5月花后，2年换1次土为好；可剔除外层旧土约一半，补充新培养土。初换土后阴置7~10天，再移至半阴环境。春、秋两季应细心管理。

造型 茶花枝干竖直，顶端优势强劲，宜制高耸形式桩头，如制横飘等式，则应斜植主干、弯曲伸展枝杈，多做蟠扎。造型需要大枝稀疏，对大枝伸展方向作斟酌，以使树冠匀称铺开；过长的新枝常需剪短。为蟠扎时不致折断稍脆枝，可先以纸或布条包裹，再以金属丝缠绕捏弯，或以细绳分几个步骤牵拉。修剪要特别注意，剪后所留芽朝向最需新枝的方向，不可乱剪，以免增加不必要蟠扎操作。花前整枝，对作品形态相当满意时才可展出。

养护与管理

基于对茶花树桩盆景高品位要求，讲究主干粗大茁壮，大枝明晰疏朗，分枝均匀分布，小杈细密成片，花开表现特色，绿叶适度烘托，整体端庄优美，花期展出精彩，制作者须在养护期间周到细致、全力投入。①茶花与一般花木不同，它是名花，品种甚多，首先应准确认识所养树桩的品种，熟知它的特性，尤其是有关开花的各种特殊要求，以适时“对症下药”作出正确对策。②茶花生于热带山区，需要较高的温湿条件。北方养植应经常给予和暖潮润环境，这样不会影响根、叶、芽、花的正常状况。用水雾喷叶是最简单的措施，为植株设小塑料棚也是较为简易经济的办法。不然难见花蕾。③暑期保护的关键是避免大幅度降温、少光、肥水失调、留蕾过多等问题，花前管理不可懈怠。④越冬环境仍需要一定湿度，最低温度不可低于3℃，以5℃以上较为稳妥。⑤盆景要求茶株优美，有老树风范，但并不单是追求树大冠密，最重要的是形态雅致，各部都协调匹配、和谐适度才能表现出制作者的功夫，才算是佳作。

愿望

茶花

桂林乐满地作品

5 ▸黄　槐 *Cassia surattensis*

科属：豆科决明属
别名：金花槐、黄槐决明

黄槐花

黄槐树姿优美，枝叶茂盛，花色金黄并且花期长，有较高的观赏价值。常用于公园、路边绿地、池畔或庭前绿化，是优良的观花盆景素材。

生物学特性

形态特征　黄槐为半常绿小乔木或灌木。高3米左右，新枝绿色，老枝灰褐色，偶数羽状复叶，小叶7~9对，长圆形或倒长卵形，叶长约2厘米，具昼展夜合特点；侧枝顶形成总状花序，花瓣阔，5瓣，金黄色，雌蕊伸出花外，花期8~10月；荚椭圆柱形，长约8厘米；种子略扁，肾形如豆，长0.3厘米，霜前成熟。

生长习性　喜温暖怕寒冷，耐-5℃低温，我国江南，在株下略培土即能度过寒冬，江北须盆栽入室；生长快，当年可开花结果；喜水怕沤；喜肥，耐修剪；中性土或微酸、微碱的土质均能栽植生长，3年主干能达4厘米粗，可作中型桩头。

分布情况　产美洲热带和印度、斯里兰卡等地，我国在20世纪90年代引进，先在广东、广西种植，现已在江南普及，北方也有培育。

取材与培育

取材　播种、扦插、压条都很容易，小苗生长极旺盛。市场上较少见。江南有些大城市美化栽植有较大桩，购买不易。

培育　春播种子约10日出苗，株高约10~20厘米可疏间幼株，南方粗放管理当年可达100厘米以上，制作盆景须在苗高20厘米时即为主干作弯。薄肥于春、秋两季不断施用催壮。在肥足、光照、通风理想条件下，入冬前株高能达100厘米，干粗可达1厘米。秋前如掐头促分枝，9月会金花一团。华北地区养植经验：把1年生黄槐盆景初冬上盆入低温（最低时4℃）室度寒，次年再下地栽植，秋季9月桩形初具，干粗4厘米，花开数百朵。第三年修整成桩。此后不再下地，一直在盆中莳养，不断完善造型。

上盆与造型

以北方培育为例介绍过程。

上盆 ①如果备有泥烧浅盆，在黄槐幼苗阶段上盆，以金属丝缠绕主干捏弯，不可缠绕太紧避免勒入皮肉。②如果没事先准备泥烧盆，就先以地栽方式培育，待造型过程大致完毕时再上盆作后一段整形养护，完成作品。③早些上盆遇到的问题是紫砂和瓷质盆透气性不佳，对黄槐迅速生长造成妨碍。只得等在地培育成桩之后再考虑上盆。④上盆用最佳培养土，置于宽敞光足的场所。⑤必须将桩基与盆底牢牢固定，避免在养护管理过程中发生桩头倾倒问题。当桩头在上盆时因树冠丰茂而头重脚轻时，还可支撑竹枝、木条等暂为稳定，待盆土沉实后解除支撑。

造型 ①无论桩头在盆还是在地，从幼株时段起就必须蟠扎主干，斜植并作小弯，破除主干的僵直呆板。②据制作者事先构思设计，中型的作品应在幼株30~40厘米高度掐头促枝；大型的作品应在幼株40~50厘米或更高尺寸掐头促枝。③随植株生长，不断观察斟酌并实施蟠扎、修剪技艺，培育树冠，同时校弯主干形态，并提根露爪，一步步使整体桩头向理想样式趋近。④黄槐幼枝柔韧可塑，蟠扎仍须注意轻弯适度，力避折伤；修剪下部大枝应稍留长，上部则留短些，最上枝仅留2对芽眼，以利树冠呈不等边三角形。⑤黄槐出枝挺直向上，所以拔留芽枝和蟠扎定向工作较其他树种更应认真细致，多看勤做，务必力求下部一些大枝适度下垂，铺开大枝，方能使树冠舒展宽松而不拘谨。⑥黄槐干皮较平滑，老树才皴裂粗糙，新的观念无须把主干一定掏挖造疤、剖皮露骨，完全可以制作健美、壮硕的桩头，制作者不妨把黄槐制成主干粗大、干皮自然、枝条分布错落有致、枝密叶茂花繁的作品，发扬雄壮、优美、光鲜、艳丽的风格，扭转伤残、苍老、凄凉、苦楚的传统趋向，回归师法造化，崇尚野趣。

黄槐蟠扎打弯、掐头促枝

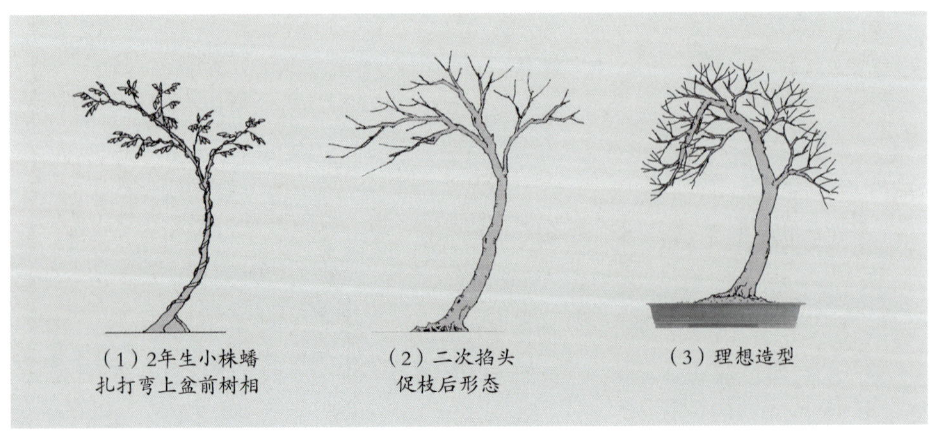

黄槐树桩截短促枝完成造型示例图

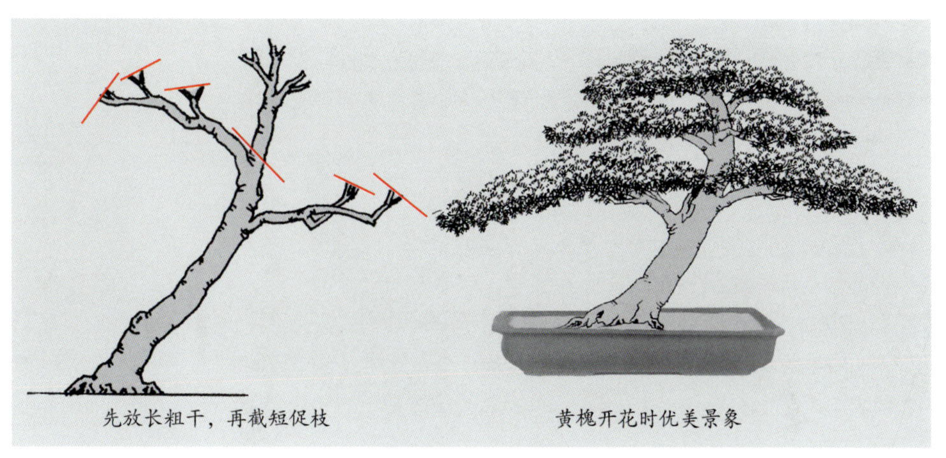

先放长粗干，再截短促枝
黄槐开花时优美景象

促花技术

黄槐促花，与一般花木无大区别，只是秋季开花的黄槐常规养法会枝长冠大，当繁花满枝时，可能树冠已不止合抱了，这不符合盆景的要求。所以黄槐促花要注意两个问题：①在多次剪短长枝修整树形之后，到黄槐见蕾前，于8月初做最后一次修剪，一为枝密花多，二为略推迟花期凑近国庆节，因为全株开花期为1个月，8月开花到9月下旬就剩残花了，9月初修剪能让花在9月上旬开放，10月仍是盛花期。②8月中旬见蕾前，可往新枝顶喷洒磷酸二氢钾稀释液促蕾保蕾。如果拟用催花激素也可，但要严格按说明兑好药剂不得有误，有误则适得其反，造成遗憾。

养护管理

黄槐除产自热带不适寒霜之外，还算是较为粗放的树种，作为绿化树，它已在我国广东、广西等地适应多年，仍有越冬枯死的，但大部分存活并能健旺。作为盆景桩头，养护还是要追求细致周到。环境要敞亮，无严重污染。一般速生树种苗株细高，谨防暴风骤雨突袭。水肥适度、及时，是催壮的不二法门。嫩枝作弯避开清晨和雨后茎干水足硬脆时段，以免折断。展示之前1个月全株整形，展时解除牵拉设施方能树形完美。北方冬季霜前发现有些花瓣出现干斑而不脱落时，应是气候不适造成的，要考虑将盆移至稍暖避风位置才好，否则会干花增多，落英遍地。

黄槐是盆景新开发树种，目前还是新鲜的秋季观花材料之一，病虫害少见，北方只要照顾好冬季防寒，一定能长久作桩。

6 紫　藤 *Wisteria sinensis*

科属：豆科紫藤属
别名：藤萝、朱藤、黄环

紫藤为长寿树种，花朵繁多，可做成姿态优美的悬崖式盆景，置于高几架上，老桩横斜，别有韵致。它是优良的观花藤木植物，也是制作观花盆景的良好素材。

春晖（紫藤）左宏发作品

生物学特性

形态特征　紫藤为落叶木质藤本。茎干虬曲缠绕；小枝暗灰色，密被短柔毛；冬芽扁圆形，密被柔毛；叶为奇数羽状复叶，小叶7~13枚，卵状椭圆形；总状花序下垂，长15~30厘米；花蝶形，紫色，有香味；荚果扁条形，长10~15厘米，密被黄色毛；种子1~5粒，扁圆形，黑色；花期4~5月，果熟期10~11月。

生长习性　喜阳光充足，稍耐阴、耐寒，抗旱性、适应性强，但怕涝渍烂根，比较耐瘠薄，在岩石缝隙中也能扎根生长。对二氧化硫、氯气、氟化氢等有害气体抗性较强。主根深、侧根少，不耐移植。萌发性强、耐修剪。

分布情况　紫藤产于黄河流域、长江流域及其以南地区，常分布于海拔300~600米的阳坡林缘、溪边灌丛中。

花絮迎春
紫藤
左宏发作品

取材与培育

播种　秋季采摘成熟的荚果，晒干脱粒后贮藏，翌春播种前用冷水浸种36~48小时，再行点播；1年生苗入秋后进行缩根移栽；3年后即可用于制作盆景。

扦插　于秋季选取健壮的当年生枝，剪成长10~15厘米的穗段，扦插于沙壤苗床上，成活率较高，又因其根际萌芽力较强，也可用根插法培育盆景材料。

挖掘野桩　为了制作较大而又苍老的树桩，可于秋末冬初或早春，去山区挖掘野生桩，主干保留50~60厘米，其余部分截去，注意预留枝条时，要拉开枝间距，因其花序硕长下垂，一般1个大桩有2~3个大枝即可，否则会导致枝片层次不清。大枝截口宜用塑料薄膜包裹好，以防截口失水内缩，影响桩形构图。粗根短截，务必保留少量的须根，采用浅埋高培法，于排水良好的沙壤圃地栽种养坯，保持覆土湿润，冬季加盖地膜或稻草，防止冻害和风害，发芽后及时揭去覆盖物，经常用细孔喷壶喷水，约经1年培育即可上盆造型。

促花枝术

为了促使紫藤桩提前开花，可于2月份将其搬到15~20℃的室内，在给植株喷水的同时，增加人工光照，可促成植株提前1个月开花；当植株上的花序有少量花朵绽放时，宜将其搁放于10℃左右、有散射光的场所，可明显延长花期。

紫藤盆景制作过程图

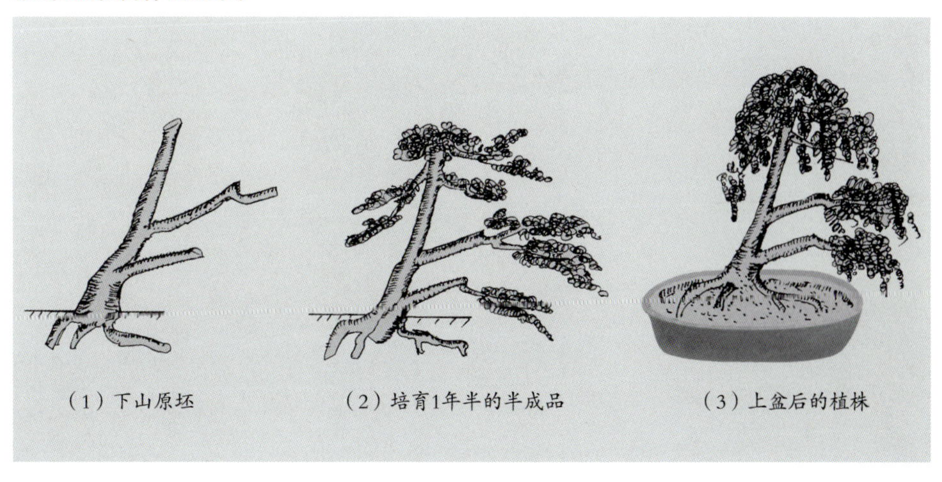

（1）下山原坯　（2）培育1年半的半成品　（3）上盆后的植株

上盆与造型

选盆　制作紫藤盆景应选用较深的紫砂陶盆，盆的高度以桩高的1/3~1/5为宜。颜色以浅黄色或棕褐色为最佳，可与堇紫色的花序、深绿色的复叶形成比较和谐的视觉效果。在选用深盆时，要在其底部垫一层较厚的排水层，以防盆内积水导致老桩烂根。

用土　盆栽紫藤桩，以疏松肥沃、排水良好的微酸性培养土为宜。可用4份园土、4份腐叶土、2份河沙，外加少许沤制过的饼肥末作基肥，可保证植株生长旺盛、花繁色鲜。一般要求带土球上盆。

造型　紫藤桩上盆以春季2~3月、植株尚未萌芽前为好。紫藤造型，多采用蟠扎、抹芽与摘心三者相结合的方法，因其枝条富含纤维韧性强，对粗大枝条，可于秋末或早春直接用棕绳吊扎，也可用金属丝吊扎，但后者要在吊扎部位衬以树皮作垫，以免形成深陷的缢缩痕，影响其正常生长。紫藤可制作成曲干式、直干式、斜干式、悬崖式等，有时可在根部点以拳石，也非常漂亮。

繁英婉垂
紫藤
赵庆泉作品

养护管理

场所　春、夏、秋三季均应将其搁放于阳光充足的场所，但夏季不能直接搁放于水泥地面上，以免干热空气烘烤根部，影响植株的正常生长。若为浅盆栽种，夏季则应将其移放到避开太阳西晒的位置，同时在盆土表面覆盖青苔或软草，可防止盆土表层的细须根被灼伤。冬季要将其连盆一并埋入背风向阳的土壤中，可耐-17℃的低温，但在北方比较干燥的地区，最好罩上一层塑料薄膜保湿，这样比较稳妥可靠。

浇水　在生长季节要充分浇水，始终保持盆土湿润；空气炎热干燥时，还应给叶面及其环境喷水。入秋后要控制浇水，维持盆土潮润即可，防止萌发秋梢，这样将有利于来年的开花。北方地区种养紫藤树桩，可在浇灌用水中加入0.1%的硫酸亚铁，以满足其对微酸性环境的需要。

施肥　栽培紫藤的微酸性沙质培养土中，应加入少量的磷肥作基肥。3月下旬，当紫藤出现鱼籽状的花序，可追施稀薄的饼肥水，内加少许速效磷肥，如0.2%的磷酸二氢钾，4月中旬即可开花。当花谢达8~9成时，应将其残花败序全部剪去，同时加大氮肥的用量，以促进枝叶的生长。秋季当花芽分化时，可适当追施1~2次磷、钾肥。

修剪　当紫藤桩花谢后新梢长出4~5片复叶时，应及时给予摘心，用以促进花枝的形成。对新栽的紫藤野桩，当其发芽后，选择适当的部位，按1∶2的比例留芽，多余的芽全部抹去，使养分集中供应所保留的枝芽。紫藤的花芽多着生在一年生枝的下部，为此，当新梢长至20厘米时，应予以摘心，诱发夏梢，以增加来年开花枝的数量。对植株上出现的徒长枝要及早进行短截，对病虫枝、细密枝要及时删去。

换盆　紫藤盆景可每隔2年翻盆1次，以早春萌芽前进行为宜。换盆时先将老桩从花盆中脱出，挑去1/3的宿土，换上新鲜的疏松肥沃培养土，盆底可放入少量沤制过的饼肥末作底肥，同时对老化和过长的根系稍作一些修剪；换盆完成后先浇透水，搁放于半阴处1周后，再给予正常的水肥管理。

病虫害防治　紫藤桩在5~6月间易遭蚜虫和刺蛾等食叶性害虫的为害，其中蚜虫可用80%的敌敌畏乳油1000倍液喷杀；刺蛾可用90%的敌百虫晶体800倍液喷杀。

秀色逗春
紫藤
汤华作品

7 紫　薇 *Lagerstroemia indica*

科属：千屈菜科紫薇属
别名：痒痒树、紫金花、蚊子花、无皮树

紫薇树姿优美，树干光滑洁净，花色艳丽，花期长，有“百日红”之称，在园林绿化中，被广泛用于公园绿化、庭院绿化、道路绿化中，是制作观花盆景的良材。

紫薇盆景 华桦提供

生物学特性

形态特征 紫薇为多年生落叶灌木或小乔木。干枝屈曲，树皮光滑呈淡褐色，片状剥落；小枝四棱，稍呈翅状，叶互生或近对生，椭圆形至倒卵形，表面光滑；圆锥花序顶生，长20厘米，花瓣6片，边缘皱缩，鲜红色；花期6~9月，果熟期10~11月。变种有银薇，花白色；翠薇，花紫色中带蓝色。同属还有南紫薇，叶两面无毛，花白色；浙江紫薇，叶背面网脉明显隆起，具密生毛。

生长习性 它喜温暖湿润气候、疏松肥沃的微酸性壤土；喜阳光又略耐阴，较抗寒；耐干旱，畏水涝；萌发力强，耐修剪，抗二氧化硫、氯气、氟化氢等有害气体污染。

分布情况 原产亚洲南部及澳大利亚北部，我国华南、华东、华中及西南均有分布，各地普遍有栽培。

吉祥三宝
紫薇
池泽森作品

取材与培育

播种　10月份种子成熟后，迅速采收红花植株上的蒴果，种子经脱粒处理后，干藏至翌春再行播种。苗床要平整，土要细碎，将细小的种粒均匀撒播于苗床上后，再覆一层细腐叶土，以不见种子为度，最后覆盖稻草保湿。播后10~15天种子即可发芽出土，以后加强水肥管理，当年即可开花。

扦插　一年四季均可进行，但以春季效果最佳。可于早春截取5~7厘米的粗壮干枝，锯成30~50厘米的干段扦插；最好选择有自然弯曲分杈的枝段，成活后可取其自然枝态；或将粗大的主干段一劈为二，剖面朝下埋于土中，用以速成培育树桩盆景。

挖桩　长江流域及其以南地区，可于早春萌发前或秋末落叶后，去山中挖取野生的紫薇桩或南紫薇、浙江紫薇桩，对主干稍作锯截后，主干截口断面用塑料薄膜绑扎好，选择背风向阳、排水良好的地段栽种，保持覆土湿润，成活率极高。待其成活后，再行嫁接换冠，可望获得桩蔸古拙、花色鲜艳的上好紫薇桩景。

鬼斧神工
紫薇
北京颐和园管理处作品

红一百
紫薇
徐东湖作品

上盆与造型

选盆 紫薇树桩干皮颜色较浅，而叶色浓绿、花序硕大鲜红，可选用精致的紫砂盆或瓷盆栽种。花盆的深度，以桩高的1/3~1/5为适，深盆栽种时，盆底要垫好排水层，以免发生积水烂根。

用土 尽管紫薇桩对盆土要求不严，但为使其生长健壮、花色鲜艳，可自行配制培养土。通常宜用黄壤土4份、腐叶土4份、河沙2份，内加适量沤制过的饼肥末或磷肥。注意盆土不能过黏，否则不利于桩蔸的正常生长。

造型 紫薇造型的时间，宜安排在春季萌发前进行。因其韧性较好，主干、大枝可直接用粗棕绳吊扎，细枝则以剪为主，将其裁成簇簇“云朵”。单干紫薇大苗，可制作成游龙式桩景，也别具一格。紫薇野桩造型，关键在于枝条选留的部位及剪截的高低长短，一个野桩挖回后，要反复琢磨，精心构图，对可留可不留的枝条，可暂时予以保留，对可长可短的枝条，可从长保留，因为截去的枝条补不上，截短的干枝也难再伸长，一定要小心谨慎，多画几个草图，从中斟酌选优。因紫薇枝条的萌发力特强，在生长季节通过反复修剪，一年即可形成完美丰满的枝片。紫薇树桩可制作成曲干式、枯峰式、卧干式、悬崖式盆景。实生苗植株，多株组合栽植可制作成花瓶式、屏风式盆景。

紫薇盆景制作过程图

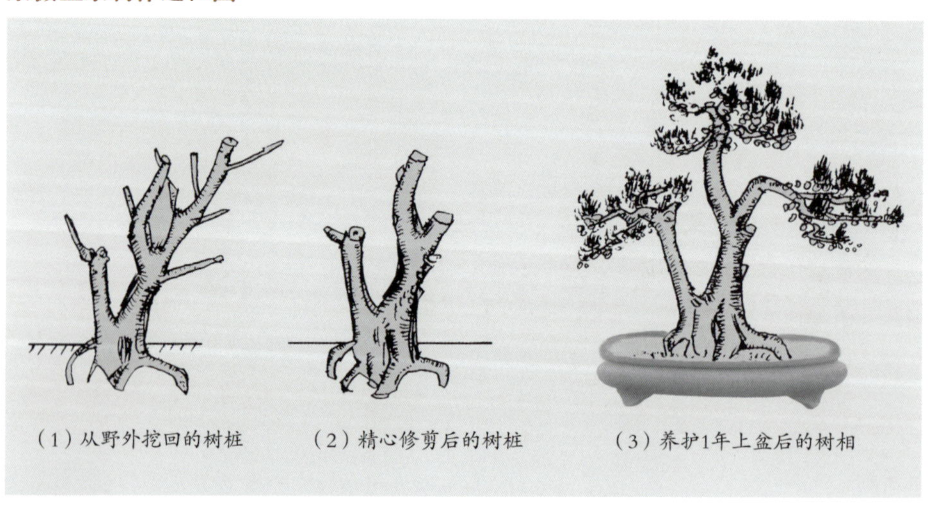

（1）从野外挖回的树桩
（2）精心修剪后的树桩
（3）养护1年上盆后的树相

促花技术

为了延长紫薇桩的花期，提高开花质量，一是在6~9月间，要勤施磷钾肥，为树桩持久开花打好物质基础；二是对开过花的花序，要及早剪去，不让其挂果，可大量减少养分的消耗，促使下部腋芽萌发花枝，加速下一轮花枝的开放，从整体上延长花期。为保证在国庆节期间大量开花，借以增添节日的喜庆气氛，在8月底要彻底剪去残花败梗，同时增施1~2次速效磷钾肥。

养护管理

场所　大型树桩盆景，一年四季均可给予全光照养护，但盆土中不得缺水，否则易导致根系受损。当紫薇处于盛花期时，可将其搬放到半阴处，可明显延长花期。对浅盆栽种的紫薇桩，在夏秋二季，应于盆土表面铺设青苔或加盖软草，以防阳光暴晒导致盆土表面营养须根的坏死。冬季，可将紫薇盆景埋于背风向阳的高燥之地，北方地区最好搁放于不结冰的大棚中或冷室内。

浇水　紫薇树桩喜湿但怕涝，浇水要适量。特别是梅雨季节，若盆中排水不畅，会导致紫薇树桩烂根而死；夏季若盆中缺水而又不能及时得到补充，也会出现枝条因缺水而暂停生长或枯死，尤其是花期盆土更不能过干。盛夏时节，最好早晚各浇1次水；春秋二季可隔天浇水1次；冬季宜保持盆土湿润，数日浇水1次即可。

施肥　紫薇桩景可于秋后施1次稍浓的有机肥作基肥，平时应注意氮磷钾的均衡供应。可于每次花谢修剪后，每半月追施 1 次速效磷钾肥，可用0.1%的尿素加0.2%的磷酸二氢钾混合液，为下一轮开花做好准备。施肥宜在傍晚进行，次日早晨浇水喷水 1 次，以利于植株的吸收。

修剪　怎样才能使紫薇树桩一年能开4次花，修剪工作至关重要。冬季进行一次强度缩剪，只保留枝条基部的3~5厘米左右；再于次年5月中旬进行一次摘心，以后分别于7月上旬、8月初、9月上旬对花后的枝梢进行一次缩剪，可促使其下部腋芽再度萌发。对紫薇桩蔸基部的隐芽萌发形成的小枝，要及时掰去，以减少养分的消耗。

换盆　为了促使紫薇树桩能年年开花或一年四度开花，一般每3年需进行一次换盆，换盆宜在春季萌发前进行。将桩头从花盆中脱出后，抖去外围的泥土，并剪去一些已老化或枯死的根系，将植株重新用新鲜肥沃、富含有机质的培养土栽好，把土压实后浇透水，7天以后即可给予正常的水肥管理。

病虫害防治　紫薇在通风不良、光线欠佳的条件下，易受介壳虫危害，可用 3 % 的呋喃丹颗粒土毒杀。夏秋时节，当出现蛀干性天牛为害时，应及时从虫孔处插入毒签堵杀。高温干旱时节，当植株上出现袋蛾为害时，应及早摘除袋囊烧毁。

8 ▸蜡　梅 *Chimonanthus praecox*

科属：蜡梅科蜡梅属
别名：金梅、腊梅、蜡花、黄梅花

蜡梅盆景 吴雅琼摄影

蜡梅是中国特产的传统名贵观赏花木，其花金黄似蜡，香气浓郁，艳而不俗。在百花凋零的寒冬绽放，不畏寒霜，给人以精神的启迪，它适合做古桩盆景造型艺术，是理想的冬季观花树种。

生物学特性

形态特征　蜡梅为落叶灌木。小枝近方形，芽具多数覆瓦状排列的鳞片；叶椭圆状卵形至卵状披针形，近革质，先端渐尖，基部楔形或圆形，表面深绿色，有光泽，表背面均有短硬毛；先花后叶，花两性，单生于1年生枝叶腋处，花梗极短；花被片多数，蜡质黄色，内轮有紫色条纹或斑块，具浓香；瘦果椭圆形，栗褐色，有光泽，着生于壶状果托中；花期12月至翌年3月，5~6月果熟。

生长习性　寿命长，喜光亦略耐阴，较耐寒，抗干旱，忌水湿，特别喜肥，以排水良好的中性微酸性沙壤土栽培为宜，在碱性及黏重土壤上生长不良。萌发力特强，耐修剪。

分布情况　蜡梅原产于湖北、陕西等地，安徽石台也有分布。

常见的品种有：①素心蜡梅，叶较小，花较大，花被片纯黄色，内轮无紫色纹斑，荷花状。②罄口蜡梅，叶较大，花大，直径约3~3.5厘米，花被瓣端钝圆，开放时如罄口状，纯黄色，极香；其花心紫色，如紫檀者，称为檀香蜡梅。③小花蜡梅，花特小，径不足1厘米，外轮花被片黄白色，内轮有深紫色条纹。④狗蝇蜡梅，叶较狭长，质地较薄，花被片长尖，约9枚，内轮中心的花被片呈紫色，香气淡。⑤柳叶蜡梅，叶椭圆状披针形，叶背被白粉。⑥亮叶蜡梅，为常绿灌木，叶片较小，叶质较厚，叶表亮绿色。

取材与培育

蜡梅野生资源较少，国家已明令保护，不提倡挖取野桩制作盆景。

播种　6月份采摘成熟的壶状果托，脱出小瘦果，用冷水浸泡24~48小时，随即开沟播种，覆草保湿，2周即可出苗；也可将其种粒干藏至翌春再行播种，因其种皮厚实致密，出苗亦正常，但同样要先浸种24~48小时。一般实生苗培养2年，其直径达1厘米左右时，即可用作砧木来繁殖优良品种的蜡梅。实生苗通常要经3~5年的培育才能开花，但花朵小、香气淡。

嫁接　砧木宜用实生蜡梅苗，用柳叶蜡梅作砧木，尽管也能成活，但由于砧木的生长速度慢于接穗，易导致植株出现“头重脚轻”的现象，不适于用作盆景材料，并且柳叶蜡梅的皮层薄，嫁接成活率也比用原砧木低得多；亮叶蜡梅，也不适于用作蜡梅嫁接的砧木。蜡梅嫁接，一般在春天当接穗枝条上的叶芽萌发至麦粒大小、稍显绿色时，进行切接最为妥当。如春季一时来不及嫁接，可将接穗母株上的芽抹去，约经2周再发新芽，待其长到麦粒大小时，还可进行切接。靠接多在5~7月间进行，砧木去顶，切口长约2~3厘米，砧穗切口等长，形成层对齐后绑扎好，3个月后待砧穗内愈合成活，再分2~3次在接口下切断接穗与母株的联系。

分株　在3~4月间进行，把丛状母株根蔸周围的土掏去，用利刀剪开其中带根的一部分，对干枝作强度缩剪后另行栽种。而在原处留下2~3根粗大壮实的干枝不动，任其再发枝生根，来年还可再行分株。

压条　高压可于3~4月间进行，压条部位最好是在2年生枝的下部，环状剥皮后包裹泥团，外包塑料薄膜，保持土团湿润，一般3个月后环状剥皮处即可生根。低压在生长季节均可进行，比高压更易生根。

蜡梅嫁接苗培育盆景过程

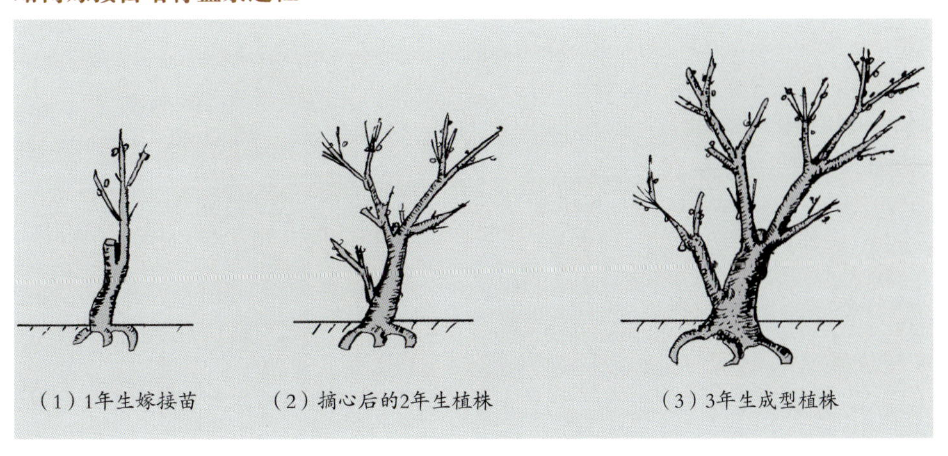

上盆与造型

选盆　制作盆景，可用通透性较好的紫砂陶盆，一般情况下不致于引起蜡梅根系腐烂而造成植株生长不良或死亡。瓷盆颜色、质地虽好，但通气透水性较差，容易引起蜡梅根腐，因而不宜使用，或仅将其作套盆用。花盆的形状，可根据树桩的具体形态择优选用。因其花为蜡黄色，因此花盆宜用墨绿、深蓝、红褐等颜色，不宜使用浅黄色盆。

用土　蜡梅盆景用土要求土壤为团粒结构、质地松软、腐殖质丰富、营养元素全面，可用园土4份、腐叶土4份、河沙2份，外加2%的过磷酸钙、1%的氯化钾、5%沤制过的饼肥末，均匀混合后过筛，以备使用。

造型　蜡梅上盆的时间，应在落叶后至发芽前，根据植株的大小、形状配盆。将基本成型的地栽植株掘起，或将瓦盆中的植株脱出，挑去部分宿土，将根系稍作修剪后，栽种到紫砂盆中。蜡梅枝条较脆，不宜进行大幅度的弯曲造型，一般仅用棕绳将主干或大枝稍作吊扎蟠曲，然后对细枝略作修剪处理。蜡梅造型的时间，以5~8月为好，由于此时枝条比较柔软，便于造型操作；秋冬季则比较困难，容易折断枝条。一般情况下，可于春天枝芽刚萌动时，根据对植株的构图设想，修剪整理主干、大枝，使其形成基本骨架，到了6月份，用手扭拧新枝使其弯曲到一定的位置或角度后，再用铜丝或棕绳绑扎固定。具体实施造型的时间，应选择晴天烈日照晒下的午后，因为此时枝条水分蒸腾后萎蔫较软，韧性增强，容易操作。

促花技术

秋末冬初，可试喷4%的“艳花素”于花枝上，有一定的催开花蕾作用。若为了延迟蜡梅开放，可将快要开花的盆栽植株搁放于0~2℃的环境中，空气湿度维持在80%~85%，可使花枝内的酶蛋白活性降低，呼吸作用减弱，导致开花进程减缓，能延迟蜡梅开花时间30天以上。

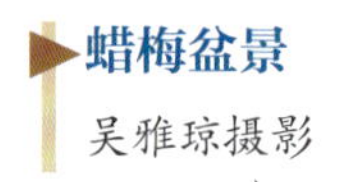

蜡梅盆景

吴雅琼摄影

养护管理

场所 盆栽蜡梅，一般情况下可将其搁放于宽敞通风、阳光充足的场所，在长江流域常年可以接受全光照。淮河以北地区，冬季最好将其连盆一并埋于背风向阳的苗床中，维持盆土不结冰为度，以利于其安全过冬。华北地区蜡梅盆景，可置于盆土不结冰的冷室中或大棚内越冬。对浅盆栽种的蜡梅桩，夏季最好放在遮光40%左右的荫棚下，或在盆面铺盖湿稻草。

浇水 通常情况下，蜡梅盆景可3~5天浇水1次，以保持盆土湿润为度，但盆内不得有积水；夏季浇水应在上午9：00或下午16：00以后，切忌在灼热的阳光下浇水或在盆土干热的情况下浇凉水，以免引起根系受损腐烂。冬季寒冷时也应注意浇水，不能使盆土过分干燥，也不能使盆土中水分过多形成“连底冻”，易造成植株脱水死亡。盆栽蜡梅在6~7月间处于花芽分化的关键阶段，此时要适当控水，可减少浇水的次数和浇水量，多喷水、少浇水，维持盆土稍湿润状态即可，不干不浇，以利于花芽分化的完成。

施肥 应当掌握“薄肥勤施”的原则。施颗粒肥时，可将肥粒埋入盆边土中，使其逐渐分解，慢慢供根系吸收利用。一般从花谢到 6 月份，可每半月施 1 次稀薄的饼肥水；6~7月间，植株进入花芽分化阶段，可在薄肥水中加入0.2%的磷酸二氢钾，每半月 1 次，直至植株将近落叶时再停止施肥。家庭少量栽培可用0.2%的磷酸二氢钾加0.1%的尿素混合液浇施，比较方便卫生。

修剪 可在植株花谢后，进行 1 次强度缩剪，对所有开过花的枝条，仅保留基部的3~5厘米，其余部分全部剪去。春、夏两季，当新梢长出3~4对叶时，就要进行摘心，促使下部对生侧芽的萌发，摘心时应于节间折断，不要伤及下方侧芽，最好离下方侧芽1~2厘米处掐断为妥。对植株上出现的徒长枝，要及时短截；对病虫枝、瘦弱枝、枯死枝要及早剪去；对过密枝、重叠枝要从小疏除。

换盆 蜡梅宜每年进行1次换盆，时间最好在早春花谢后。换盆前后控制浇水，使盆土略呈干燥状态。将植株从花盆中脱出，抖去部分宿土，剪除部分功能衰弱的老、残、烂根，对过长的根系，适当作短截，重新用培养土栽好。

病虫害防治 叶斑病，可于发病初期用65%的代森锌可湿性粉剂400~500倍液喷洒防治，每10~15天1次，连续3~4次。人纹污灯蛾，常于6~7月间大量发生，严重时将叶片啃成网状，甚至将整株叶片吃光，幼虫群集性强，可用40%的乐果乳油1000倍液喷杀。大袋蛾，夏秋季容易发生，少量出现可摘除袋囊烧毁，发生严重时，可于其幼虫孵化后及时喷洒90%的敌百虫晶体10000倍液杀灭。

9 ▸碧　桃 *Amygdalus persica* var. *persica*

科属：蔷薇科李属
别名：千叶桃花

碧桃是我国的传统观赏花木，花开时灿烂夺目，艳丽非凡。碧桃盆景的观赏价值一是花多，二是花艳。古代诗词中颇多赞美桃花的诗句，如“人面桃花相映红”“碧桃天上栽和露，不是凡花数”“争开不待叶，密缀欲无条”等。

碧桃盆景

生物学特性

形态特征　碧桃为蔷薇科李属落叶灌木或小乔木。树皮灰褐色，有横环纹；小枝红褐色或绿褐色，无毛，芽有绢丝状银灰色毛；叶互生，椭圆状披针形，先端渐长尖，基部宽楔形，边缘有细锯齿，叶柄有腺体；花单生，重瓣或复瓣，白色、淡红色、粉红色、红色或鲜红色。花期3~4月，先叶开放。常见变型有：白碧桃，花白色，复瓣或重瓣；红碧桃，花红色，复瓣；洒金碧桃，花复瓣或近重瓣，同一株上有两色花或同一朵花上有两种颜色或同一花瓣上有粉白二色，为碧桃中之珍品，俗称“大五宝”。

生长习性　性喜阳光充足的环境，耐寒也耐旱，不耐水湿、不耐盐碱，喜疏松肥沃、排水良好的微酸性土，黏土上生长不良。

分布情况　原产我国。分布在西北、华北、华东、西南等地。

促花技术

碧桃的自然花期为3~4月，可通过人为催花措施，将其花期提前到春节开放。当碧桃植株落叶后，将其搁放于7℃的低温环境中，春节前40天左右移入温室或大棚内，温度从10℃逐渐升高到20~25℃，并经常给花枝洒水，可很快促成花枝绽放。一旦花芽裂口吐艳，要及时将其移放到15℃左右的低温室内，可有效延长植株的开花时间。

取材与培育

碧桃多选用芽接法繁殖，砧木可用毛桃、杏、李等实生苗。将成熟的野生毛桃果实及时采收，堆沤数天后洗去果皮果肉，立即进行开沟播种，也可将桃核贮藏至来年春天再下地播种，但不能过分失水。芽接宜于6月上旬至7月下旬进行，嫁接前2~3天，要先给苗床灌透水，以利于剥取芽片。接穗用当年生新枝中部的饱满腋芽，剪去叶片，保留叶柄，从芽下面1厘米处向上削切长1.5厘米左右的芽片，内侧可稍带木质部，芽位于穗片的中央；再在砧木离地面3~5厘米处，选用北侧直立面，用刀横切一宽约0.5~0.6厘米的切口，继之在横切口下纵切一刀，长约1.5厘米，使之成“T”形，用刀尖挑开皮层，将芽片由上往下推至“T”形切口内，然后用塑料薄膜条绑好穗芽，并将芽露出，再将砧木上端扭折弯曲。待其接芽抽枝长达10厘米左右时，剪去砧木，切割开绑扎带。注意在选用接芽时，圆鼓饱满且被有较多银白色绢毛者为花芽，不能选用，而应选择外形较尖的叶芽，方可保证其成活后能顺利抽条。培育1~2年的碧桃，当其干径达1.5~2.0厘米时，即可用于造型。

上盆与造型

选盆　碧桃在养坯或初步造型时，以瓦盆为好；当植株造型基本完成后，则应选择形状优美、色彩大方的紫砂盆或釉面陶盆，一般不用透气性差的瓷质盆。色彩应根据花色来搭配，白色、浅红色花，可选用深色盆，如宝石蓝、棕红色、栗褐色等，而紫红、粉红等深色花，则应选择浅黄色、浅蓝色盆，使花盆颜色与花朵颜色形成鲜明对比，可取得喜心悦目的视觉效果。

用土　盆栽碧桃，对土壤要求不严，但要求疏松肥沃，不能黏重或积水，可用4份腐叶土、4份园土、2份河沙，外加适量沤制过的饼肥末或过磷酸钙，拌和均匀后过筛，以便使用。

造型　碧桃造型，可于早春或秋季落叶后进行。它的干枝比较柔软，粗大的主干可直接用棕绳吊扎，大枝用细棕绳作1~2弯，细小枝条可用棕榈叶片扎弯。应该注意：碧桃造型不宜使用铅丝，铅丝勒伤桃枝皮层后会导致大量渗出桃胶（俗称桃油），对桃树危害较大，会严重影响到碧桃桩景的正常生长和开花，且伤口处易感染病虫害，在进行造型操作时，一定要引起重视和注意。

养护管理

场所 碧桃喜光，宜将其搁放于阳光充足、空气流通的环境；在蔽荫处会导致生长不良、开花较少，甚至招致介壳虫、粉虱等危害。它比较耐寒，在北方寒冷地区冬季移入室内即可安全越冬，不需特别加温；南方地区可将其搁放于向阳处，冬季维持盆土不结冰即可，为防止极端低温对根系可能造成的伤害，可将其连盆一同埋入土中越冬。

浇水 碧桃喜湿润土壤，忌根部积水，一般在干热天气宜每天浇水1次，平常视盆土的干湿程度，每2~3天浇水1次；冬季休眠期放置于阴湿处不需浇水，若放置于干燥处，则每10天应浇水1次；开花期间应适量浇水，以保持盆土湿润、不干不湿为度；6月底至7月初，当新梢长到一定程度进入花芽分化的关键阶段，要控制浇水，使盆土略干，以抑制枝叶生长，促进花芽分化；中秋后要减少浇水，使枝条生长充实及早木质化，以利于安全越冬。

施肥 碧桃比较喜肥，生长期间，可每月追施1次稀薄的饼肥水；在6~7月花芽分化前后，应连续追施2~3次速效性磷钾肥，如磷酸二氢钾，浓度控制在0.2%左右，可促成花芽的分化与膨大。碧桃在开花期间应停止施肥，入秋落叶后不宜再施肥。

修剪 碧桃着花大部分都在1年生枝上，为此应于花谢后，对枝条进行强度缩剪，可保留原来长度的1/5或更短，促进重新萌发新枝。生长旺盛季节，要及时修剪去徒长枝、过密枝、瘦弱枝、病虫枝，保留下垂枝和短平枝，剪枝时多留外侧芽。夏季对生长过旺的枝条可摘心1~2次，促使枝条下部芽生长充实并能分化成花芽。

换盆 盆栽碧桃，可每2年换盆一次，剔去1/3的原土，对枯死和老化的根系作适当修剪，并对旺枝作适度缩剪，再重新用疏松肥沃的培养土栽好。换盆时间，一般在花谢后到叶芽抽出前比较合适。

病虫害防治 对碧桃缩叶病，可用10%的高水分散颗粒剂（含噁醚唑）2500~3000倍液，或40%的多硫悬浮剂800倍液，进行防治。对细菌性穿孔病，可用50%的加瑞农（含春雷氧氯铜）可湿性粉剂800倍液，或农用链霉素4000倍液，进行防治。当植株基部发现有桃红颈天牛危害时，要及时用毒签堵杀，否则易导致整株碧桃基部被蛀空而死亡。

10 六月雪 *Serissa japonica*

科属：茜草科六月雪属
别名：满天星、白马骨、碎叶冬青

六月雪是四川、江苏、安徽等地盆景中的主要树种之一，其枝叶细小密集，夏日白花盛开，宛如白雪，雅洁可爱，尤其适宜制作微型或提根式盆景，是既可观叶又可观花的优良树种。

六月雪盆景 佚名

生物学特性

形态特征　六月雪系半常绿矮生小灌木，分枝多而密集。叶较小，对生，有短柄，常聚生于小枝上部，略带革质，卵形或长椭圆形，先端渐尖，全缘，表面绿色，形态变化很大。花白色、腋生或顶生，常数朵簇生小枝顶。盛花时，满树白花如雪，故而得名“六月雪”。花期6~9月，核果小，近球形，果期10月。主要变种有：金边六月雪，花与六月雪相同，但叶缘黄色；花叶六月雪，又称斑叶六月雪，叶面有白色斑纹；复瓣六月雪，花为复瓣；重瓣六月雪，花为二重瓣。

生长习性　畏强光，喜温暖气候，也稍耐寒、耐旱。喜排水良好、肥沃和湿润疏松的土壤，对环境要求不高，生长力较强。生于河溪边或丘陵的杂木林内。

分布情况　广布长江下游各省，南至广东、广西、台湾地区亦有分布。

连理双葩
六月雪
吴成发作品

古木对吟图
六月雪
陈华作品

取材与培育

人工繁殖 最常用的方法是扦插。扦插既可用硬枝也可用嫩枝，硬枝扦插在2~3月进行，以1年生枝条为插穗；嫩枝扦插在6~7月进行，以当年生半熟枝为插穗，扦穗长度8厘米左右插入苗床内4厘米左右；扦插后遮荫，浇透水，以后保持土壤湿润，翌年春可分株栽植。用扦插方法繁殖，操作简便易行、成本低、一次可获得较多的苗木。但要培育成具有较高观赏价值大中型盆景需要较长时间，常用扦插获得苗木制作微型、小型盆景。

购买 到苗圃或花卉市场购买有10余年甚至更长树龄的盆栽六月雪，根据树桩基本形态，立意后进行以剪为主、以蟠扎为辅的造型方法，养坯1~2年即可上观赏盆造型。

采挖 在长江下游各地，可到山野挖掘野生六月雪，如果能找到理想老桩，经过2~3年养坯可获得制作盆景佳材，制成有较高观赏价值的盆景。

下面介绍“六月忘暑”盆景的制作过程。

由市场购得有10余年树龄的2株盆栽六月雪，经过观察后立意制成合栽式盆景。把双干式主树干去除1/3，把两个树干左侧下部第一枝也去除。把客树主干截去1/2。把根系也进行适当的修剪。

作品“六月忘暑”盆景的制作过程

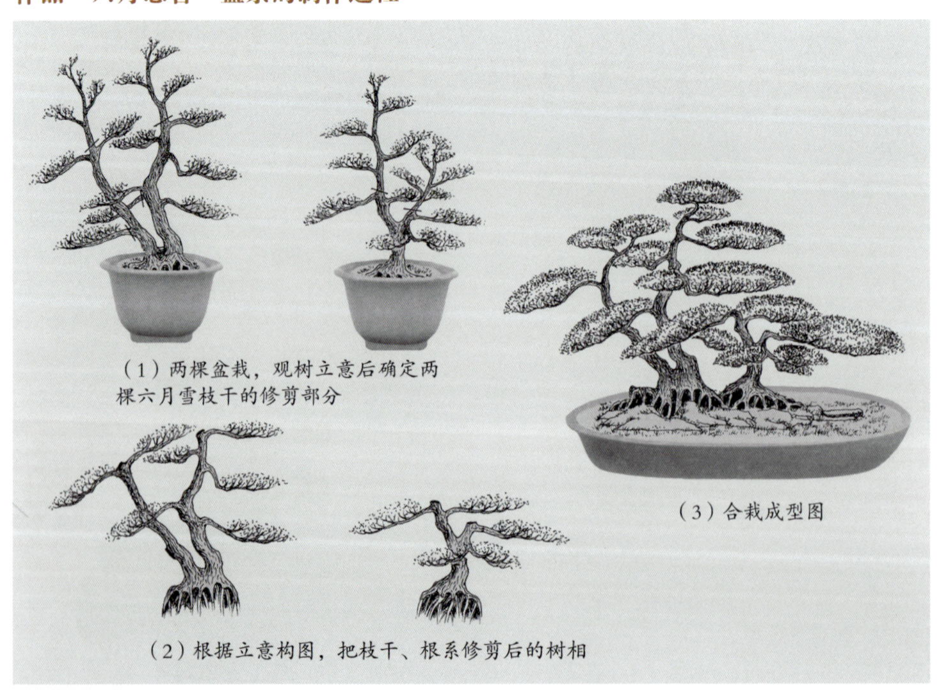

（1）两棵盆栽，观树立意后确定两棵六月雪枝干的修剪部分

（2）根据立意构图，把枝干、根系修剪后的树相

（3）合栽成型图

上盆与造型

2棵盆栽六月雪已有10年左右树龄。树干及主枝都有一定粗度，树根也已提出土面，上盆造型所要求的基本条件已具备，六月雪生命力强，易生新根，不必经“养坯”过程，可以直接上观赏盆。

六月雪花是白色，叶是绿色，选择长方形紫砂盆为好，因为根系进行较重的修剪，栽种时用不太肥沃的培养土为好。根据立意构图，把双干式主树栽于长方形盆钵左端，树干略向左倾斜，把单干式客树栽于主树右侧适当靠前的位置上，也就是2棵六月雪根部连线和盆钵后沿不是平行线。在培育使树形更加完善的过程中，可进行修剪以及对1~2年枝条进行蟠扎，也在不断进行欣赏。这样的盆景，经过1年培育就可观赏了。如果在盆钵右边摆放一个坐式乘凉的人物配件，使景物增添生活的情趣。

促花技术

六月雪根系发达，生长快，如不按期翻盆换新土，将影响开花。

翻盆时，盆底放少许已腐熟动物蹄片，或少许骨粉。

春季施肥时，施含磷钾较多的肥料。

春末对枝条进行一次修剪，特别注意剪除过密枝，对促进开花有利。

相映成趣
六月雪（燕山石）
马文其作

忆江南
六月雪
芮新华作品

养护与管理

场所 六月雪早春、晚秋可置温暖湿润向阳处，晚春、夏季、早秋应放半阴半阳湿润场所。冬季应移入室内，室温不低于5℃为好。

浇水 春、夏、早秋生长期要保持盆土有充足水分，夏季高温时，除正常向盆内浇水外，早、晚向植株和场所地面喷水，有利开花。秋末、冬季气温较低水分蒸发少，要少浇水，盆土湿润即可不浇。

施肥 六月雪较耐瘠薄，不宜施肥太勤，春、夏、秋各施1次腐熟有机薄肥即可。

修剪 六月雪萌发力强，每年要进行2次修剪，第1次在4月进行，以利6月开花；第2次在花开败后进行，剪除花枝梢，使之萌发新枝，提高观赏性。对根部分蘖枝、徒长枝、过密枝要及时剪除。在生长旺盛期，要经常摘心，保持树形优美。

换盆 六月雪生长较快，树龄不大、处于生长旺盛期的六月雪1~2年翻1次，根据树木适当换大一号盆，树龄较大的老桩六月雪盆景3年翻1次盆，翻盆多在2~3月进行。翻盆时剪除枯根、过长过密根，把旧盆土去除一半，换上疏松、富含腐殖质、排水好的新土，利用翻盆之时，把树根适当提高一些，几次翻盆提根，就可达到露根的目的，但一次不能提得太多。否则影响树木生长，严重时还能造成植株死亡。翻盆后放蔽荫处养护7天，再放在阳光处3~5天，在此期间每日向植株喷水1~2次，然后恢复正常养护管理。

病虫害防治 六月雪病虫害较少，偶有蚜虫发生，用80%敌敌畏乳油1000~1500倍液喷雾进行防治。

清溪苍翠吟诗风
六月雪
何江作品

11 三角梅 *Bougainvillea spectabilis*

科属：紫茉莉科叶子花属
别名：叶子花、三角花、毛宝巾等

三角梅花苞片大，色彩鲜艳如花，且持续时间长，宜庭园种植或盆栽观赏。三角梅观赏价值很高，在我国南方主要用作围墙的攀援花卉栽培。北方主要用于冬季观花。

丹凤朝阳（三角梅）卢迺骅作品

生物学特性

形态特征 常绿攀援灌木。茎有弯刺，枝叶密生绒毛。单叶互生、全缘、卵形。花生于新枝顶端叶腋，常3朵簇生于3枚较大的苞片内；苞片三角状卵形似叶，鲜艳如花。开花时苞片变成红、白、橙黄、紫红、复色等，花形有单瓣、复瓣之分，多彩多姿，满枝缤纷灿烂，绚丽姿色为人们增色添彩，给人以美的享受。春节期间鲜红的苞片绽放时如孔雀开屏，格外醒目，给人以热烈奔放的感受。因人们喜爱而广为种植。

生长习性 三角梅喜光照，喜温暖湿润气候，不耐寒，在3℃以上才可安全越冬，15℃以上方可开花。喜疏松肥沃的微酸性土壤，忌水涝。

分布情况 三角梅，原产巴西，现我国各地均有栽培。

三角梅盆景弯曲造型

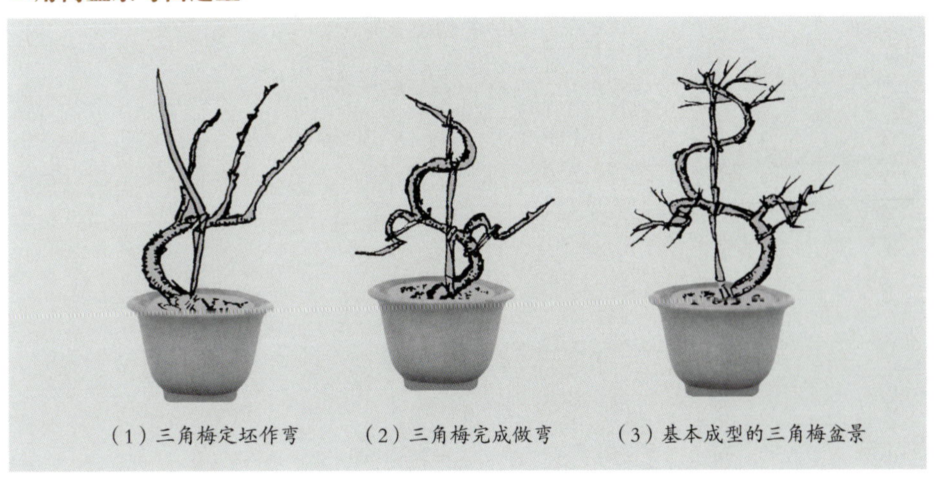

（1）三角梅定坯作弯　（2）三角梅完成做弯　（3）基本成型的三角梅盆景

取材与培育

人工繁殖　以扦插为主，可于4~7月剪取长约9厘米成熟木质化枝条，去掉下部叶片插入土中深约3厘米，在20℃以上保持土壤湿润约1个月生根。也可选择苍劲挺拔、造型优美的大干扦插，可以快速成型。

采挖　到野外挖取苍劲古朴、盘根错节的树桩培育。养坯时剪除无用枝，留用枝条也要剪短以减少水分蒸发和促发侧枝及新根生长；也要剪除部分长根和无用根，然后审视、全面构思，胸有成竹地确定盆景要着重表达的主题，因材制宜、因树造型，设计整理出能与树桩协调的骨架和外形，使之美观。

培育　经整型保留下来的枝条要有左右侧枝（互枝）、前枝和后托，如果有缺枝现象要注意培养和补缺。有的枝条如果不能到位时可用铝线蟠扎、打弯、牵引，使之按预定的弯曲姿态生长。打弯时间最好选择在晴天下午进行，并用大拇指按住弯曲的内侧预防折断。

三角梅盆景
梁悦美作品

繁花似锦
三角梅
李茂辉作品

上盆与造型

选盆　原则是高树用浅盆，矮树用高盆，花盆既要适于树木生长又要美观便于陈设。

栽种季节、方法　栽种时间以春季为好。①垫盆，用龟背瓦片凹面向下覆盖排水孔上，挡住排水孔，不使泥沙塞盆孔，又能使盆内水流出。②上盆时先加入粗沙或砖屑使排水畅通；然后一手扶正树坯，另一手加入培养土直至满盆，摇动压实使之低于盆沿约2厘米以便浇水和施肥时不致溢出。③上盆浇水时能使水排出，水被吸收后再浇1次。遮阴3~7天可恢复生长。

用土　它喜肥。培养土采用腐殖土5份、粪土3份、厩肥1份、素土1份，拌匀使用，盆底加足基肥如蹄角、碎骨（猪、鸡、鸭骨均可）、腐熟鸡鸭毛、饼肥等。

修剪、蟠扎、造出理想造型　三角梅的生命力强、生长快、发枝率高、耐修剪，是制景好材料。但是人们往往只作盆栽观花不观景，丧失了全面观赏的价值，故花期过后人们视若“路人”任其自由发展，如同杂草丛生、杂乱无章，甚至丧失观赏价值。也有因其“颜老色衰”无人问津而枯死。笔者根据多年莳养经验，提高其整体观赏效果，不但可以观花而且提升到观骨、观根、观叶及观花俱佳的观赏效果。

傲骨虚心
三角梅
梁朝琛作品

繁花似锦
三角梅
马文其作

三角梅造型举例

下图的“浪子回头”作品原为卧干式，后改为回头枝盆景。改作时将右侧全部枝条平向左侧。定型后修改整形，选留侧枝使全树由右向左侧生长，略似风吹枝。成型后树冠略呈半球型；花繁叶茂，状如浪子颠沛流离后，行为变端正，重新做人，故命名“浪子回头”，使人浮想联翩。

三角梅生长迅速，1年可长高2米以上，而且树桩千姿百态，有的像人、像古塔、像鸟兽，栩栩如生。但是需要经常修剪整型以保持原有优美的造型；花前与花后应分别处理：

花前采取虚枝实叶法 以叶为主要内容来表达整个画面，不讲究枝条大小比例，取意不取形，对外观观赏效果不甚讲究。同时采取丛枝法，有一枝留一枝，对树冠稍作修改，使之繁花似锦、绿叶如茵。

花后重剪 造景时先构思，因材制宜，因树造型，先确定全树基本形态，看其适合何种骨架。制景过程中以小见大、缩小比例显示古树形态，达到古朴幽雅的风韵。

浪子回头
三角梅
张绍宽作

欢庆
三角梅
北京颐和园管理处作品

促花技术

使三角梅终年开花和造型优美（即花型兼优）的经验是经常修剪，促发花芽，加强光照，通风良好，保证养分充足，多施肥和控制水分供给。具体介绍如下：

定期修剪　定型后的三角梅由于生命力强，生长快，出枝如射箭，必须修剪以稳定优美的造型；更重要的是通过修剪可以促发新枝，多生花芽，多开花，常开花。

加强光照　将三角梅盆树放置阳台或晒台上，使之日出时开始接受光照，直至太阳下山，同时注意通风良好才能形成花蕾，并且花色鲜艳。

供应充足的肥料　2~3天施肥1次，并以薄肥代清水使用。除定期施肥外有时发现叶片过分萎蔫时以薄肥代水使用。我使用的肥料是自制的液肥，方法是备用2个水缸，其一是储存人尿浸绿色的植物，如修剪下来盆栽的枝叶（也可添加菜叶），待发酵变黑后使用；另一缸是米泔水加入吃剩的菜肴菜汤，同样等待充分发酵使用。以2份绿肥液、2份复合的米泔水加6份清水待用。每2~3天施肥1次，如发现叶片过分萎蔫也可代水使用。这些肥料不但富含钾、钙、磷，而且有许多微量元素，肥效良好，促使叶绿花艳。红花配绿叶更显得姹紫嫣红，娇媚可爱，令人赏心悦目，百看不厌。

控制水分　将三角梅种植在紫砂长方形浅盆，使土壤接受光照面积大，有利于对土壤杀菌和增加肥分；同时使土壤中水分蒸发较快，加强控水的作用，使三角梅自感冬天将来临，赶快开花。达到早开花、常开花、多开花的目的。

回眸一笑满园春
三角梅
陈昌作品

养护与管理

换盆　花前（3月间）将三角梅脱盆，清除表面一层泥土，裸露上层根系（以下根系带土不动以利生长），使之悬根露爪、盘根错节。再取大一号花盆，以龟背瓦片盖着盆孔以利透水，上填培养土和放足全面的基肥厚约5厘米，将三角梅植株带土放置盆中，周围空隙处继续填土（腐殖土1/2、自备素土1/2，拌适量腐熟的鸡毛、豆饼、厩肥等）；填土后压实，距离盆沿约3厘米以利浇水。浇足定根水，放置通风良好、光照充足（取全日照）的地方养护。

修剪整型　根据构图修剪，剪除过长枝、弱枝、平行枝、过密枝、交叉枝、枯枝、内膛枝等，使之通风透气良好，加强光合作用，并且达到疏密有致、层次分明、造型优美。特别是修剪后能很快地促使枝条叶腋抽出侧枝，新抽出的枝条叶腋也很快地带有幼嫩的花苞和花芽。还要摘心控制徒长并促使枝条多开花。花期可达30~50天，如花色变暗变淡，失去观赏价值，为了减少养分的消耗和继续开花，应将花梗剪除并短截花枝。修剪后及时施肥，约等1个多月又能抽枝开花。

花后进行重剪，先确定全树基本形态。如是双干式必须一大一小，制景时因树制宜，侧枝一高一低，错落有致，层次分明，主枝定位是主干的1/3，侧枝距离上密下稀，要活泼有节奏。分布不重叠，要相顾相让，有立体感。

树冠造型的主要方法是修剪。修剪时根据总体构思的意向，对树丛的大小、形态、厚薄要心中有数，如主枝可塑造成半球形或尖冠，而侧枝略平符合自然生长的形态，应修整侧枝的冠与主枝冠融合统一，共同组成同一棵大树。盆树的树冠通过修剪和造型后，如同穿在树干上的“时装”，能衬托盆树骨干的美貌英姿，使树木整体完美统一。

定型后工作　盆树定型后为保持优美的造型，提高盆树的观赏价值，每年花后还需要做如下工作：

花后新梢出现前要进行疏枝：剪除枯枝、内膛枝、过密枝、平衡枝、交叉枝等。经常修剪能促使分枝多、开花密、形态美；特别是换盆时从基部剪除过密枝、弱枝、病虫枝、徒长枝，理顺、理直，形成悬根露爪、盘根错节，种植时将准备裸露的根系露在盆面。定植后遮阴，待生长正常后移置阳光充足、通风良好的环境养护。

摘心：新芽出现后，摘除新生枝顶端的芽尖，抑制枝条徒长，以增加枝权和分枝。

抹芽：没有造型意义的新芽，会影响造型形象、消耗养分、阻碍通风和光照、易生虫害、使树势衰弱，所以应及时将多余芽头抹掉。

摘叶：摘叶前后各施淡肥1次，促发新叶和小叶以提高叶片再生能力，但叶柄要保留。

大修顶 对已超过造型要求的叶丛要修剪，整理外形控制其生长。通过修剪使叶丛的形象与树木整体树冠、枝干互相匹配、对比、衬托来显示层次的变化。三角梅花期采用丛枝法。如商品树，使之满枝缤纷灿烂、婀娜多姿、繁花似锦，形成以观花为主的盆景。花后通过截干蓄枝、露根、疏枝、摘心、摘叶、修顶等措施使之初步成型。

浇水 6~8月进行间歇性控水，每隔1~2天浇水1次；但发现叶片萎蔫时需向叶面喷水，1天喷2次，这样可以促使花芽的分化和形成。但是现蕾后和花期需水量大，需要供足水分。每天早晚各浇水1次，以免影响生长和开花。冬季控水控肥，不干不浇，浇则浇透。

施肥 三角梅性喜肥，在生长过程中需要氮（占2份）、磷（4份）、钾（3份）。三角梅因花多、花期长、消耗养分大，加上盆土少、养分有限所以必须及时补充肥料和养分。花期2~3天施肥1次，我还试行每天早晚各施淡肥1次，有时在盆沿埋上干鱼头等，促使花色更鲜艳。

场所 三角梅喜高温湿润环境，所要放置阳台朝南地方使之冬暖夏凉。特别是从日出至日落均能接受光照，朝北方向有挡风的建筑物更好。它的适温是18~22℃，但夏季可耐36℃高温。如最低温度能保持10℃，则可保持绿叶披身，生长旺盛，生机盎然。如环境不良，肥水管理不当会发生落叶。冬季，在南方，可在室外越冬；在北方，应移入室内越冬。

病虫害防治 三角梅病虫害少，笔者莳养多年尚未发生病虫害。

春洒人间
三角梅
刘传刚作品

12 金　雀 *Caragana sinica*

科属：豆科锦鸡儿属
别名：锦鸡儿、长根金花豆

金雀是常见观花盆景树种，应用地区广泛，制桩历史已相当长，且又易活易管，叶绿花黄，很受艺者和欣赏者喜爱。

金雀盆景 中国盆景艺术在线提供

生物学特性

形态特征 金雀，枝条开张，小枝细长有棱；根柔长，入土深，有根瘤；托叶多硬化变为3杈刺状；羽状叶2对，革质或硬纸质，倒卵形，长1~3.5厘米，宽0.5~1.5厘米，先端圆而内凹，全缘；花单生于叶腋，花冠黄色带红晕，蝶形，长约3厘米；花期4~5月。

生长习性 性喜阳光，能耐寒冷、干燥、瘠薄，不择土壤，适应性强，喜中性黏土，能耐微酸却厌多碱；萌生能力甚强。

分布情况 产我国广大地区，生山坡向阳处，山石缝隙也能生长。我国有其同属不下60种，有些已被引种国外。我国有：东北用作绿篱的乔木型树金雀；产于我国西北沙丘的浅黄花柠条金雀；产于我国和朝鲜、日本、俄罗斯等国的红花金雀；产于我国四川、青海、西藏等地匍匐生长的变色金雀等，其中大多可用作盆景桩。

金雀盆景
曹世卿作品

金雀盆景
马文其提供

取材与培育

取材 作为绿化美化植物，金雀已有苗圃繁殖生产，苗木可供选购，但大桩极少见。山采易破坏生态环境，应取得相关部门许可方可采挖，金雀根、枝伤口易痊愈长合。苗木市场上偶有商品株，也多为手指粗细的小桩，选购应取根长、干粗的。个人扦插、压条、分根繁殖，也并不难；种子播育过程太长，不得已时为之。

培育 苗株植于土质中性、疏松含沙，环境通风、阳光充足的场地，做好一般管理，粗放也能成活。平时不干不浇水，浇即浇足；薄肥勤施，有利长壮。除草、耕作，加紧催壮，不忙上盆。

金雀闹春
金雀
左宏发作品

绿野纲踪
金雀
冯明亮作品

造型与上盆

造型　小苗自繁自养，可从头做起，平时对主干适度作弯。每年初冬挖出全株，少伤长根，对根作各种形态的弯曲盘旋，但要不悖自然，力求和谐样式。人们有意突出金雀柔软修长的大根，最爱把根围干基缠绕成结，作奇异状。殊不知很多人都这样做，就成为俗套。我们应突破这个框子，不妨多考虑做出有别于他人的创意，大家来尝试革新，探索出特殊形式，这是时代对我们的要求。这里试着提出参考样式：高位悬桩多缕大根支撑短干披枝式、长根短干挂钩悬崖式、短干附石上部成干披撒长枝式、露根曲干穿石峰头成冠式、干置高位长根抱石式、长干穿枯桩下露虬根上部成冠式、曲干缠枯桩悬崖垂枝式、悬崖围盆横飘式等，请大家切磋琢磨，不妨一试。春季金雀花开，满树金黄，赏心悦目。其盆景的造型，以独干虬枝、姿态古雅者为佳，也可制作成悬根露爪式，以显其老态；或者以悬崖、半悬崖造型，展现金雀凌空欲飞之势。

上盆　金雀发根自由，最喜地栽。造型大致完成后，即考虑直接上盆景用盆，首先考虑必须露根。因为每年都曾挖起对根作弯曲处理，所以在上盆时没有“倒苗”萎蔫致死问题。无论造型为哪种形式，上盆须避免端居正中、左右对称，而要少许偏开中位，才有变化和动势。对有些头重脚轻或倾斜趋势的单桩或所附木、石，应在下部采取固定措施如金属丝捆绑等，以避免歪倒。如果金雀主干不很粗，冠部又稍重，或辅材重心偏斜等，刚上盆时暂加竹竿支撑，待盆土沉实、全株稳定后再予解除。上盆后相当长的一段时间，还须继续完善造型操作，蟠扎主干、大枝、分枝，使树冠各部均匀匹配，总体和谐，与辅材结合协调一致。经营布设盆面、铺苔植草、放置摆件，以自然野趣愉悦欣赏者。

金雀盆景造型要大胆创新，不能一味守旧

缠根成结的形式已成老套，不宜再模仿

悬崖附枯桩横飘式比较新颖

流金年华

金雀

田丽作品

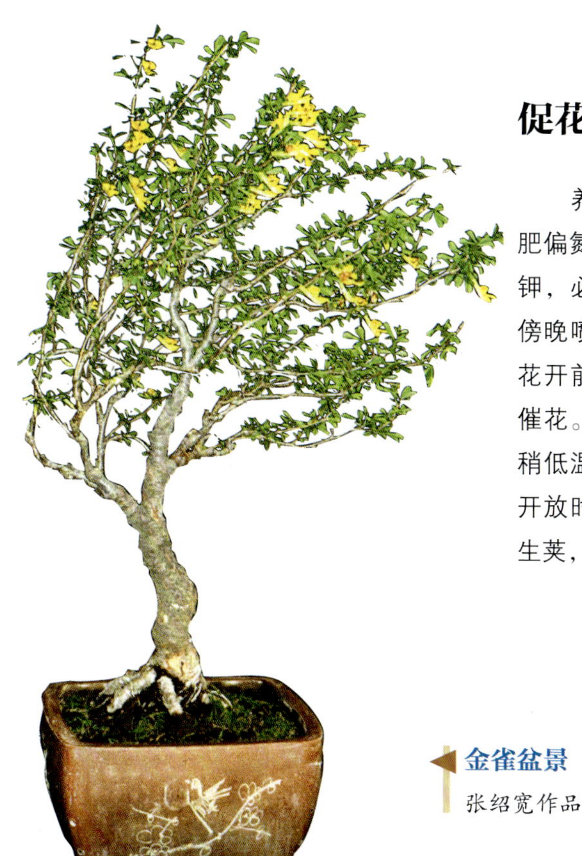

促花技术

养护中严格掌握中度施肥：4~7月全肥偏氮，催长全株；9~10月全肥偏磷、钾，必要时叶施磷酸二氢钾稀释液，于傍晚喷布，为次年春后开花打好基础。花开前辅以充足阳光、畅快通风，可稍催花。花期扣水保持盆土稍干并停肥，稍低温度、中度阳光，这样可稍许延长开放时段。花将谢时细心剪除残花不使生荚，能保证植株复壮迅速。

金雀盆景

张绍宽作品

养护与管理

修剪养护　金雀生命力强，抗性极旺盛，管理尚可粗放，但细心莳养会取得更佳效果。考虑金雀主干偏弱偏长，平时养护还须继续完善造型，注意扬长避短，比如，注重主干向粗壮发展，需不断剔除根蘖，以免与主干争夺营养。对大枝控制长度，多促分杈力求繁密，多考虑全株平衡，让树冠各部充实丰满，使作品总体自然端庄。

养护强调耐心细致，利用金雀枝条柔韧的特点勤为作弯；利用芽壮耐剪的特点不断截枝促芽，不愁没有好的形态。

病害防治　严防蚜虫、介壳虫和病害危害植株，常作检查，经常喷洒农药保护枝叶不遭伤害。为不因冻害伤及植株，华北一带霜期须采取遮盖保温措施，如土埋根部、干树叶埋植株上部，也可土埋全株；东北、西北、高原等地，须入冷室或地窖保护。春暖谨慎过渡出室、出窖。

水肥管理　掌握见干见湿、浇必浇透的原则。花期时，注意保持盆土湿润；关于肥料的问题，在冬季休眠期可施1次基肥，花前可施1次水肥。平时适当施点稀薄肥水即可。

13 杜鹃花 *Rhododendron simsii*

科属：杜鹃花科杜鹃花属
别名：映山红、山石榴

杜鹃花盆景

杜鹃花是中国十大名花之一，有1000多年的栽培历史，唐代时出现了观赏的杜鹃花，进而移入庭园栽培。杜鹃花因其花大色美、品种繁多而被广大盆景人喜爱，其造型可制成丛林式、悬崖式、云片式、曲干式、宝塔式等多种形式。

生物学特性

形态特征 杜鹃花为常绿灌木。多分枝，枝细而直，有亮棕色或褐色糙伏毛。单叶互生，卵状椭圆形或椭圆状披针形，叶被糙伏毛。花2~6朵簇生于枝端，粉红色、鲜红色或深红色，有紫斑。花期4~6月。

生长习性 性喜温暖湿润、阳光充足的环境，要求土壤疏松肥沃、排水良好、呈酸性，忌土壤黏重、排水不畅或碱性土，夏季畏烈日暴晒。

分布情况 它广泛分布于长江流域及以南地区，多生长于山区或丘陵山坡上。

常见品种有白色杜鹃，花白色或浅粉红色；紫斑杜鹃，花白色，有紫色斑点，花较小；彩纹杜鹃，花有白色或紫色条纹。

杜鹃花盆景 张光照提供
杜鹃花盆景 张光照提供

取材与培育

杜鹃可用播种、扦插、分株等方法繁殖。

播种　宜用浅盆，盆土要透气透水，以山泥或腐叶土拌适量沙土为宜，盆面覆一层细土，将细小的种子均匀撒播其上，不再覆土，盆口盖上玻璃，保持湿度，约20~30天后即可发芽出苗，这时揭去玻璃，给予半阴光照，适当喷雾，待其长出3~4片叶时再行分栽。

扦插　时间以梅雨季节为好，插穗可采用当年生枝，待新芽形成后再于枝条基部剪断，应用全光喷雾或遮光保湿法，比较容易生根。值得注意的是，用播种或扦插法繁殖的苗木制作盆景，需8~10年的时间才能成型。

野外挖掘　挖取野生树桩来制作盆景，只要3~5年即可成型。采挖野桩的时间，可于10~11月或翌年3月花谢前。挖取野生树桩时，要多留须根，对主干和主根进行适度缩剪，同时剪去一些对造型影响不大的枝条，多带宿土直接上盆或进行地栽养坯。

养坯　在进行养坯时，种植地点不能积水，若为秋季挖取的野生桩，可将其栽种于高燥处含沙量较多的土壤中，浅埋高培，将桩头几乎全部埋栽于沙土中，浇透水后再加盖薄膜保湿；春季栽种野桩，也应将其树桩的2/3部分埋于沙土中；待树桩抽枝展叶基本成活后，再缓慢将培土掏去，注意在养坯期间，应保持培土湿润，但树桩底部不得有积水，并经常给予叶面喷水，特别是夏季，还要给予搭棚遮阴。

下山树坯的修剪培育

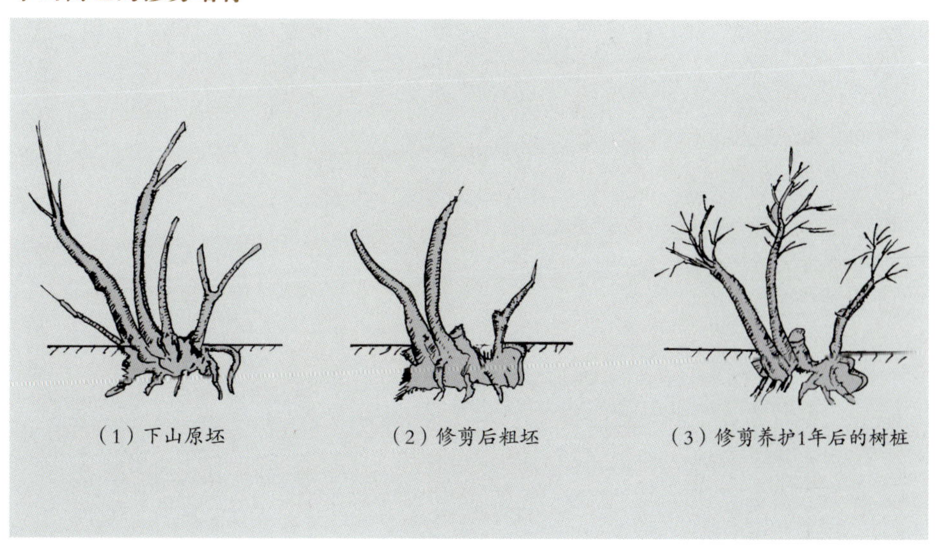

（1）下山原坯　（2）修剪后粗坯　（3）修剪养护1年后的树桩

杜鹃花盆景

梁悦美作品

撑

杜鹃花

舒芳声作品

上盆与造型

选盆　栽培杜鹃花，宜用透气性较好的紫砂陶盆或釉陶盆，不宜选用透气性差的瓷质花盆；花盆的色彩，宜选用浅色，可与鲜艳的花色形成对比；若是悬崖式造型，则可选用签筒盆；若为提根式造型，则可选用稍浅的花盆，以突出根部的盘根错节。

用土　盆栽杜鹃花，可直接使用落叶阔叶林下的腐殖土，也可自行配制，宜用腐殖土3份、山泥5份、河沙2份混合配制，pH4.5~6.5。

造型　杜鹃花枝条比较脆、韧性差，大枝不宜作强度弯曲蟠扎，仅将主干和大枝作适度吊扎，并以棕绳作绑扎材料为好，其他枝条则可以剪为主进行造型。修剪时应注意强调壮枝重剪，弱枝轻剪；蟠扎一般可安排在春天进行，生长期间其枝条相对柔软些，有利于主干和大枝的弯曲造型，即使是出现一些断裂，只要在创口处抹上黄土、外包塑料薄膜，可很快愈合恢复。杜鹃花可制作成直干式、斜干式、悬崖式盆景，也可根据桩蔸根部的具体情况，渐渐掏去根蔸上的土壤使其逐步形成连根式、提根式。

花繁似锦
杜鹃花
吴多贵作品

杜鹃花盆景
张光照提供

促花技术

可用40~50天的短日照处理来促成花芽分化，使其提前开花。蕾期应及时摘蕾，可使花大色艳。春秋季，修剪枝条时，应剪去病弱枝、过密枝等影响造型的多余枝条，促花促蕾。入秋后，当植株进入休眠状态，用浓度1000~1500毫克/升的赤霉素溶液打破休眠；将其摆放于16~20℃的温度条件下，同时给予喷雾增湿，即可促使其提前开花；为延长杜鹃花的开花时间，可将已开放的植株，放在10~15℃的环境中，少见阳光即可。

杜鹃花盆景

梁悦美作品

花红似火

杜鹃花

吴多贵作品

国宝怜香

杜鹃花

舒芳声作品

旺

杜鹃花

舒芳声作品

养护管理

场所 杜鹃花春秋两季，应将其搁放于阳光充足的场所，夏季应放置于半阴处，并在盆土表面覆盖软草，以防烈日灼伤盆土表面的细须根；冬季只要保持盆土不结冰，就不必将其移放到室内或大棚中，可将其连盆一并埋入土中越冬，既安全又方便，可减少很多冬季管理的麻烦。它能抗-17℃以上的极端最低气温。

浇水 杜鹃花喜湿润，忌水涝，上盆后应在土表铺盖苔藓，增加保湿能力。在养护过程中，盆土以保持湿润为宜；夏秋两季，不仅要保持盆土湿润，而且要增加叶面及周围环境的喷水，以维持较高的空气湿度，若空气过分干燥炎热，易导致细枝枯死；冬季连盆一并埋入土中，北方地区最好在其上蒙罩一层塑料薄膜，这样可增加空气湿度，并能促使花芽及早萌发；若其叶片出现黄化现象，可每隔半月浇施1次矾肥水，北方地区可在浇灌用水中加入0.1%的硫酸亚铁，可避免杜鹃花植株叶片发生黄化。

施肥 杜鹃花新桩上盆时不需要施肥，成活1年后可少量施些磷钾肥，以利于植株开花。杜鹃花换盆时，应尽量少用基肥，追肥最好用沤制过的稀薄饼肥水。它对含有微量元素的磷酸二氢钾比较敏感，不宜用来喷叶，否则易导致叶片枯焦。家庭盆栽，可于盆土表面定期埋施少量多元缓释复合肥颗粒。

修剪 杜鹃花萌发力强，每年春季花谢后，可结合换盆，从枝条基部1~2厘米处截去，这样可促使其在剪口附近大量萌发新枝，通过留壮去弱、留粗去细，对枝条进行有选择性的保留，同时每月摘心1次，可很快形成丰满的枝片，为来年的大量开花作好准备。北方地区因搁放于15℃的环境中越冬，易使春季花芽与叶芽齐发，造成养分的争夺，从而导致花芽枯缩脱落，应及时抹去花芽周围的叶芽，才能保证花芽的正常开花，这样做并不影响春天以后植株的健壮生长。

换盆 一般情况下，杜鹃花树桩每隔1年应于花谢后换盆1次，换盆时应垫好排水层，并对老化根系和乱形的枝条，进行有目的删除和缩剪，再用新鲜的培养土栽好。换盆后的植株要避开强光，暂不浇水，保持盆土湿润，有利于萌发新根，空气干燥时可喷水保湿，48小时后再浇透水并给予正常的管理。

病虫害防治 杜鹃花植株，在高温干旱季节，易招致红蜘蛛的危害，可用25%的倍乐霸可湿性粉剂1000~2000倍液进行喷杀。春夏之交，其植株上易出现硕壮的雀纹天蛾幼虫啃食叶片，可在短时间内将整株叶片啃光，应及早发现，并将其从植株上拨落后杀死。

热情似火
杜鹃花
田丽作品

14 垂丝海棠 *Malus halliana*

科属：蔷薇科苹果属
别名：垂枝海棠

海棠花美丽妖娆，艳丽动人，自古以来就是雅俗共赏的名花，素有“花中神仙”“花贵妃”“花尊贵”之称，是中国北方著名的观赏树种，也是制作盆景的良好素材。本节文字部分主要以垂丝海棠为例，内容同样适用于其他海棠树种。

花满枝头（垂丝海棠）左宏发作品

春展英姿
贴梗海棠
左宏发作品

生物学特性

形态特征　垂丝海棠为落叶小乔木。树冠疏散，幼枝紫色；叶卵形或椭圆形，长5~8厘米、宽1.5~4.5厘米，先端渐尖，叶缘具细小的钝锯齿，表面有光泽；花着生于短枝上，伞房花序，有花4~7朵；花梗细弱，长2~4厘米，细长下垂，紫红色，疏生柔毛；花瓣5枚，红色；花萼紫色；花期4~5月，果熟期10月上旬。常见栽培的变种有：重瓣垂丝海棠，雄蕊瓣化成花瓣，重瓣花，很少结实；白花垂丝海棠，花朵较小，略近白色。

生长习性　性喜阳光，耐肥喜湿润；较耐寒，怕大风，忌盐碱；稍耐水湿，怕干旱燥热。

分布情况　原产于我国西南山区，华北、华东部分省（自治区、直辖市）也有分布，全国各地园林都广泛栽培。

取材与培育

播种　10月份，采收成熟变红的果实，堆放3~5天，与粗沙搓揉挤压后，用水淘洗，去果皮果肉，捞出下沉的饱满种子，在阴凉处晾干。选用一个大花盆，进行湿沙层积催芽，搁放于凉爽处，待种粒裂口露白后，再行下地开沟播种。一般11月初进行催芽，元旦前后播种，1个月左右即可出苗，冬季用薄膜架棚稍加防寒，4月下旬，待苗子长出4~5片真叶时进行移栽；5~7月加强水肥管理，到了7~8月间，株高达1米、地径0.5~1.0厘米时，即可进行芽接。实生苗在3~5年内，不易开花。

嫁接　垂丝海棠嫁接，可用实生苗为砧，也可用湖北海棠和北荆子的实生苗为砧，在7~8月间进行“T”字形芽接，翌年春天剪砧。也可于播后的第二年春天3月中下旬，进行切接，当年即可成苗，株高可达1.5米以上。

压条　可于花谢后进行。先在选定压条的大枝下部进行环状剥皮，剥皮宽度1.5~2.0厘米，并在创口部位涂抹100毫克/升的1号ABT生根粉药液，外用塑料薄膜包裹泥苔土于环状剥皮部位，注意保持塑料薄膜内土团湿润，3个月后即可在环状剥皮部位陆续萌生出细嫩根，入秋后剪下生根的植株另行栽种。

挖取野桩　西南和华东地区，可于秋季落叶后至春季萌发前，挖取野桩；还可利用城市改造时废弃的大型株丛，进行剪裁造型，培育较高档的树桩盆景。如下图就是一株被建筑工地废弃的垂丝海棠，经2年时间培育形成的中型树桩盆景。

被弃海棠树坯修剪培育成盆景

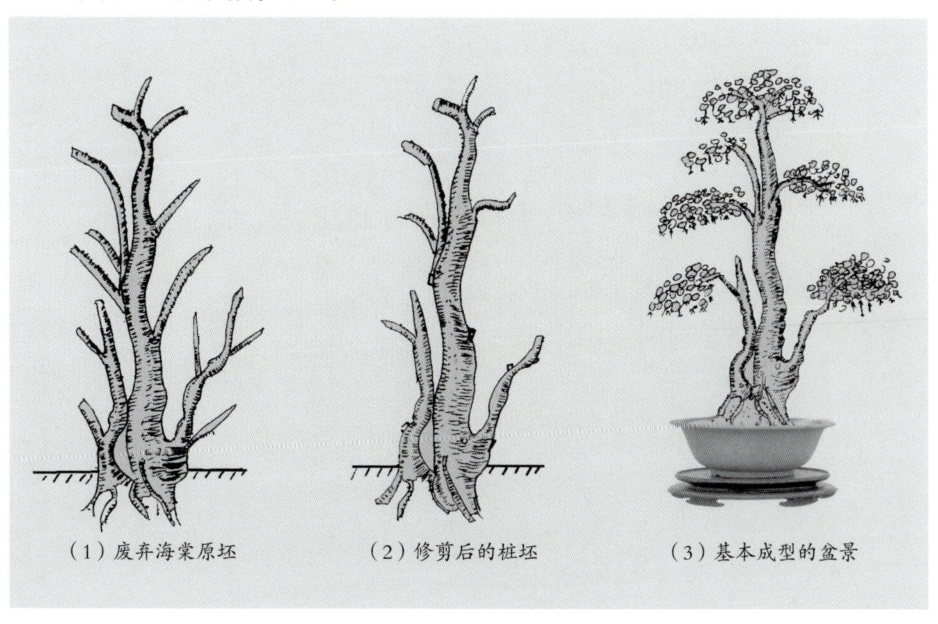

（1）废弃海棠原坯　（2）修剪后的桩坯　（3）基本成型的盆景

回风流雪
西府海棠
田丽作品

争艳
贴梗海棠
赵庆泉作品

上盆与造型

选盆 栽培垂丝海棠，要求用透气性较好的紫砂盆或釉面陶盆。可根据树桩的整体造型选用长方形、椭圆形、方形或圆形卷沿盆，悬崖式可用签筒盆；颜色可选浅黄、深蓝、灰褐、栗褐等。

用土 垂丝海棠对土壤要求不严，微酸性土和中性土均可，但要求疏松肥沃、排水良好，可用园土4份、腐叶土4份、河沙2份，外加少量沤制过的饼肥末或过磷酸钙，混合均匀后过筛备用。

造型 垂丝海棠宜在春季、初夏或秋季进行蟠扎造型。由于其主干较长，可用于制作大型游龙式盆景，对主干进行短截后也可制作成双干式、直干式、斜干式盆景。在进行主干蟠曲造型前一般要先衬以粗铅丝，然后用棕绳吊扎作弯；大枝、小枝可直接用棕绳蟠扎。为充分展示其花朵的垂丝之美，树桩盆景的枝片与枝片之间要拉开一定的距离，这样在植株开花时，细长的花梗下垂摇曳，方可取得最佳的观赏效果；对花后抽出的长枝要经常进行修剪，使其始终保持层次分明。海棠类造型，包括垂丝海棠、西府海棠、贴梗海棠等，均不宜直接使用铝丝蟠扎，否则会对植株产生锈害，特别是在绑扎枝条形成陷丝后，易导致整个枝片枯死。对于已基本成型的植株，可于每年秋天进行一次调整，拆除旧棕丝，重新进行吊扎牵引，以防因棕绳捆扎时间过长而陷入树皮中。

欧美海棠

宋岐山作品

促花技术

垂丝海棠盆景以观花为主，每年3~4月开花一次。为了促成其在早春时节开花，可提前1个月将植株移入能保持15~20℃的大棚内，在加大浇水量的同时，每天给枝条喷水2~3次，并增加光照时间，在高温高湿的条件下，可很快促成花枝吐芽、花苞显色、花朵绽放。当植株上有少量花朵开放时，应将其移入10℃左右的室内，可延长植株的开花时间。如果采取降温减水、遮光等管理措施，能使它在当年秋季开二次花。

另外，须根类的四季海棠，花后宜行修剪，促使再次开花。

欧美海棠

宋岐山作品

娇俏

日本海棠

左宏发作品

养护管理

场所　垂丝海棠比较喜光，亦稍能耐阴，盆景可放置在阳光充足、空气流通的场所。盛夏高温时节，可遮光40%左右，防止烈日灼伤叶片；冬季它比较耐寒，可将其连同花盆一并埋入土中过冬，华北地区可放在盆土不结冰的冷室或大棚内越冬。浅盆栽种的垂丝海棠桩景，夏季要做好保护工作，可在盆土表面覆草，以防烈日烘烤盆土表层的营养须根，冬季则应搁放于室内。

浇水　生长季节，应保证植株有足够的水分供应。梅雨期间，应将花盆放斜，防止盆土积水烂根。盛夏时节，除必须保持盆土湿润外，还应给叶面及四周喷水，为其创造一个相对凉爽湿润的环境。入秋后，要控制浇水，以防抽生秋梢，同时促成夏梢及早木质化。冬季以保持盆土湿润为度，不能过干也不能过湿。北方地区栽培，生长季节应在浇灌用水中加入0.1%的硫酸亚铁，以防叶片出现生理性黄化。

施肥　垂丝海棠比较喜肥，而且要求氮、磷、钾三要素能均衡供应。生长季节，应薄肥勤施，一般每月施1次稀薄的饼肥水，在7~9月花芽分化期间，应连续追施2~3次速效磷钾肥，如0.2%的磷酸二氢钾液，用以促进花芽分化的完成。

修剪　垂丝海棠大多着花于1年生枝的顶端，为此，修剪宜在开花后进行，对营养长枝要进行短剪，促使其多多形成着花短枝，以利于花芽的形成，增加来年植株的开花数量。及时剪去徒长枝、交叉枝、重叠枝等，确保养分集中供应短枝的生长；当植株落叶休眠后，应对盆景植株进行一次全面的整形调理，同时去除病虫枝、衰弱枝，以保持良好的层次和构图。

换盆　由于垂丝海棠开花数量较多，一般应每年换盆1次，时间可安排在开花后，秋季落叶后也可进行换盆。换盆时，将植株从花盆中脱出，抖去部分宿土，剪去一些坏死、老化的根系，并对枝条进行适当修剪，然后用疏松肥沃、排水良好的新鲜培养土栽好，搁放于半阴处，1周后即可给予正常的水肥管理。

病虫害防治　垂丝海棠叶片在春季易感染锈病，发病初期叶面出现橙黄色圆形小斑点，扩大后病斑边缘有黄绿色的晕圈；以后病部组织加厚，病斑叶背面隆起，隆起处长出黄白色毛状物，病斑最后枯死。防治方法：当其展叶后，及时喷洒15%的三唑酮可湿性粉剂（俗称百理通）1500倍液，或12.5%的速保利（含烯唑醇）可湿性粉剂4000倍液；另外，还应将其与锈病的中间寄主圆柏类盆景进行隔离养护。若桩干基部出现蛀干天牛为害，可插入毒签堵杀。

15 迎　春 *Jasminum nudiflorum*

科属：木犀科素馨属
别名：金腰带、金梅等

迎春花不仅花色清新淡雅、优美多姿，而且具有适应能力强、不为严寒、不择土壤等品质，其枝条柔顺，根系发达，萌芽力强，是良好的盆景材料。其造型以半悬崖式、悬根露爪多见。

迎春盆景 马文其作品

生物学特性

形态特征　迎春系落叶丛生灌木，枝条细长多呈拱形下垂，新枝绿色、四棱形，叶对生，小叶3枚复叶，叶柄长1厘米左右，卵形或长椭圆状倒卵形，长1~3厘米，先端急尖。初春先花后叶，单生在去年生枝的叶腋，花黄色，有清香，花期2~4月。老桩主枝、树干、裸露树根呈浅灰色，皮呈竖向劈裂。有单瓣、重瓣两种。

生长习性　喜光，稍耐阴，略耐寒，怕涝，在华北地区可露地越冬。喜疏松肥沃、排水良好的酸性沙质土。

分布情况　原产我国中部、北部以及西南山区，现各地广泛栽培。

迎春盆景
马文其提供

迎春盆景组合
马文其作品

取材与培育

取材途径有二：其一是人工繁殖，多用扦插，也可用分株、压条繁殖。扦插方法简便、成活率高，一次可获得较多的苗木，是最常用的方法。在春、夏、秋三季都可进行。在2~7月扦插，选取1年生健壮枝为插穗；夏季、早秋扦插，既可用1年生枝条，也可用当年生健壮枝条为插穗。插穗长12厘米左右，把插穗长一半插入素沙土中，浇透水放遮阴处，1个多月可生根，再过3~4个月可施腐熟稀薄的有机液肥，生长季节，每月施1次，以促进生长，翌年春可移植。迎春萌蘖性强，利用翻盆时进行分株也是可行之法。用人工繁殖的苗木，经过2~3年培育可制作小型盆景。

制作中型迎春盆景，要求枝干有一定粗度，用扦插苗木培育时间太长，所以常到苗圃或花卉市场购买有一定树龄、主干短、主枝分布理想的迎春盆栽，经过修剪、蟠扎，培育1~2年即可制成具有较高观赏价值的盆景。见“枝垂花更俏”迎春盆景培育过程。

选用扦插成活后培育到3年春季的迎春幼树，观看幼树后根据立意把枝条进行疏剪和短剪，剪除伤根，剪短过长根，用培养土栽植于大小适宜的瓦盆中，加强肥水管理，施肥用腐熟有机液，少用含磷多的肥料，这时培育目的是促进迎春枝干的生长，而不是为了翌年多开花。第三年夏季用细铁丝蟠扎枝条中下部，并向左侧弯曲，在瓦盆中继续培育。第三年秋去除蟠扎铁丝，第四年早春把枝条再次进行短剪。

“枝垂花更俏”迎春盆景培育过程

（1）苗木培育到第三年春把枝条短剪，夏季用金属丝蟠扎枝条，并都向左弯曲

（2）第三年秋末折除蟠扎的金属丝，对翌年春季的修剪已胸有成竹

（3）把第四年早春剪断后的迎春植株栽于大小适宜的圆形紫砂盆中

上盆与造型

第四年早春短剪后，用富含腐殖质、排水良好的沙质土壤把迎春栽植于圆形紫砂盆适当靠盆后沿的位置上。栽植时根部靠盆钵右侧，树干向左侧倾斜。栽植后浇透水，放蔽阴处7天，再放半阴处5天，然后放阳光充足处养护。因为植物有趋光性，在放置时，要把枝条弯曲方向朝南，这样第四年的新生枝条，长到一定长度自然弯曲下垂。如果感到某个枝条弯曲程度不够理想，用绿色线缠绕枝条中下部，把枝条拉到弯曲度适宜时，把绿线固定在迎春枝干适当部位。

迎春盆景
马文其作品

迎春萌发力强，春夏常在枝干上萌发新芽。肥料充足时，秋季也有新芽萌发。凡造型不需要的应及时去除。当枝条长到15厘米左右，要进行一次疏剪，剪除过细枝、过密枝、徒长枝。当新枝长到25厘米左右时，进行摘心，抑制枝条的生长。上述措施一是为了造型，二是营养集中供给保留的枝条上。

迎春盆景
马文其作品

四季迎春“花篮”培育造型过程

有2个长枝的四季迎春苗木

把2个长枝初步制成圆形

把枝条固定到铁丝圈上

蟠扎后第一次开花

继续培育中的“花篮”

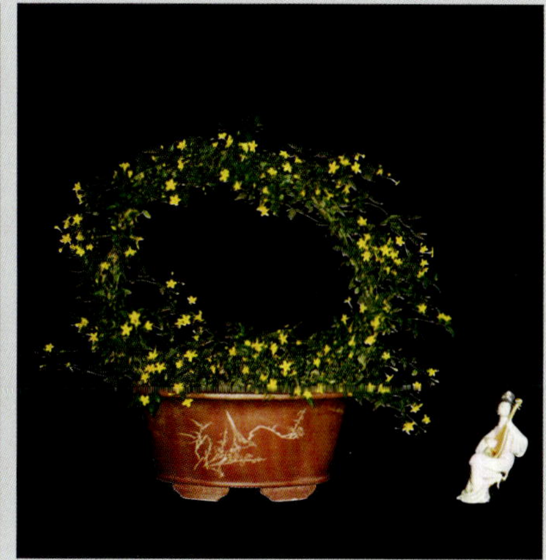

成熟作品

迎春盆景

马文其作品

促花技术

欲使迎春多花，常用的措施有：①定期翻盆，翻盆时在盆底放适量已腐熟的动物蹄、角片或骨粉。②除正常施肥外，5月、7月以及花开前30天左右，各施1次0.2%磷酸二氢钾。③及时而正确地抹芽、疏剪、摘心是促花必不可少的措施。

养护与管理

场所　迎春喜光，应放置光照充足，有一定湿度的场所养护。迎春有一定耐寒性，在南方把盆埋于背风向阳土中就可安全越冬。在北京地区冬初应移入低温（5℃左右）室内越冬。如若让迎春提前开花，应及时移入温度较高向阳室内，放置日温度13℃左右向阳处，每天向枝干喷1次清水，20天左右可开花。若置16℃左右向阳室内15天左右可开花。室温提高应有一个过渡过程，先从5℃处，移至10℃左右室内适应3天左右，再放置更高温度室内。花开后若放置5℃左右处，可延长花期。

浇水　翻盆或新栽种的迎春，浇透水放蔽阴背风处10天左右，再放半阴处5天左右，然后放阳光充足处养护。迎春喜湿润环境，尤其是炎热的夏季，浇水要充足，上午浇1次水，下午日落前找1次水（所谓“找水”就是看盆内是否缺水。盆土湿润不浇，盆土已干就浇水）。每日向迎春植株以及地面喷1次水。但盆内不可积水，连续降雨时，把盆放到或移至避雨处。冬季少浇水，盆土湿润就不要浇水。

施肥　翻盆时盆底放基肥，在生长期每月施1~2次腐熟有机液肥，每年在花芽分化以及花蕾发育前施0.2%磷酸二氢钾1次。冬季不施肥。

修剪　修剪不但是促花的一项措施，也是维护树形的重要手段，每年春季花后对枝条进行1次短剪，一般每个枝条留2~3个芽，因为迎春花芽生在当年生枝条上。在迎春生长过程中，尤其是春夏季要及时地抹芽、摘心、疏剪，才能保持树形的优美。

翻盆　处于生长发育旺盛期的迎春，每1~2年翻1次盆，有的需换大一号的盆或改变原来造型款式，如把斜干式改成临水式或风吹式。老桩迎春盆景3年换1次盆。翻盆时把旧盆土去除1/3~1/2，把枝条和根系进行1次修剪，剪除枯根、过长根，把过多的根也要去除一部分。

病虫害防治　迎春病虫害很少，偶有红蜘蛛发生，应及时防治。

一曲笛声春意浓

迎春

马文其作品

16 连　翘 *Forsythia suspensa*

科属：木犀科连翘属
别名：黄花杆、黄寿丹

连翘早春先叶开花，花开香气淡艳，满枝金黄，艳丽可爱，耐寒，生命力顽强。其树姿优美、枝条细柔，可根据自己的构思创作各种形式的造型，是优良观花树种。

连翘花

生物学特性

形态特征　连翘为落叶灌木。干丛生直立，大枝弯长，上部开张，分枝顶呈拱形下垂，小枝黄褐色具四棱，皮孔明显，心髓薄片状。单叶，或徒长枝上偶有三小叶复叶、对生，卵形、宽卵形或椭圆卵形，长3~10厘米，先端尖，缘有粗锯齿。花在老枝上于4、5月先叶开放，单生或2、3朵簇生，花冠黄色，钟状，裂片4，倒卵状萼片达花冠中部。蒴果卵圆形，表面散生刺疣，果尖部喙状开裂，种子扁圆而薄。

生长习性　喜光，稍耐半阴；耐旱涝但厌久沤；喜肥但抗贫瘠，不择土壤；耐寒厌热。根系发达，移栽易活；芽壮，不怕强剪。是杂木中观花类极好的树种。

分布情况　产我国长江流域各地及华北、东北，现全国都有栽培，苗圃生产多为灌木丛。同属有10多种。常见栽培品种还有卵叶连翘，又名朝鲜连翘；金叶连翘，叶色浅黄绿；金脉连翘，叶绿色、脉黄色。

取材与培育

取材　播种、组培和扦插在大量生产时应用。压条、分株是小量繁殖应急使用的方法，更适合个人、家庭培育盆景桩头所用。山采野桩和市场购桩是另一途径，可省去养育过程。

养桩　扦插、压条得到的枝苗，要经过二三年在盆或在畦地养育，才能成为小桩，照常规在桩苗生长过程中，需不断对苗株进行作弯和掐头促枝等初期造型。分株能立即得到中大桩头，栽活就育枝作弯造型。一切蟠扎、修剪管理，既需照常法又需按连翘的特点采取措施，如平时少些作弯、多些剪枝，秋后则尽多留条、减少修剪等。

造型与上盆

造型　连翘生性健旺、易于管理。造型遇到的第一个问题是如何控制发枝过长的问题。花前于春芽初胀之际，据盆景树桩具体情况，适宜地做整形，主要是对清除过密、过长、交叉、不美等多余枝；对走向不合适的枝小做蟠扎。盆景桩头在室内展出后，及时移出室外阳光好、通风好的场所，必要时将长枝再度剪短，留出足够芽位，以便长出新枝，完善下一年树冠形态。当新枝长到六七成木质化，大约6月份蟠扎枝条调整冠形。传统造型有一种贴靠嫁接制作特型桩干的方法如下图分解演示：这种特殊靠接法有速成扁干桩形的作用，是一个造型途径，但由于扁形主干须过数年才能弥合接口，掩盖人为畸伤，且有时如操作不当会奇形怪状不自然，所以应用不多。艺者可作一尝试，或许能有奇特收效。

上盆　造型阶段因为需要桩头茁壮生长，仍应先上泥烧盆养育为好。待造型大致接近完成或已完成时，再上盆景专用盆。忌用绿色盆，是为避免平时观赏与叶色相近；忌用黄色盆，因盆与花靠色，尤其植金叶连翘时两者颜色相近。如制桩成临水式或半悬崖式，可用半深盆置低架上。大悬崖式用深签筒盆置高架上。

连翘盆景贴靠嫁接制作过程

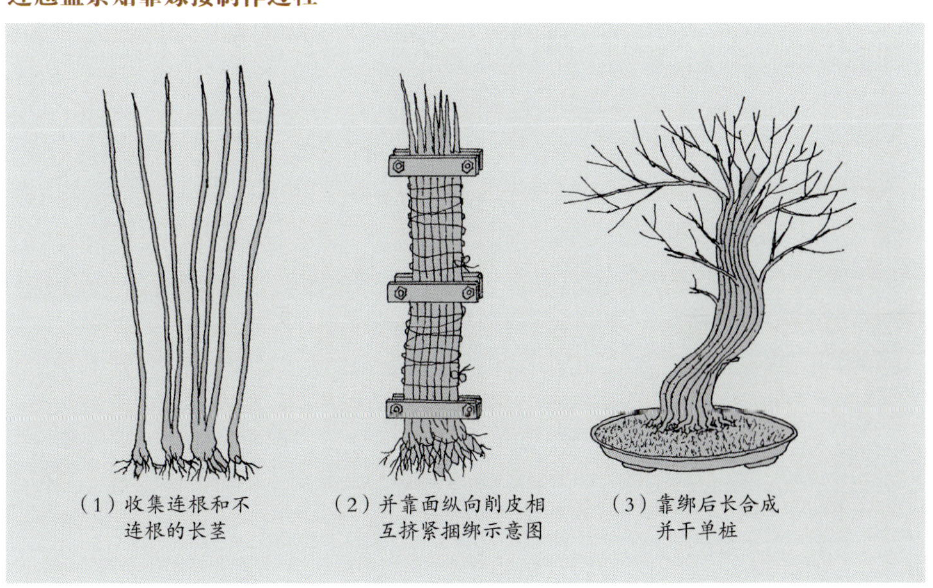

（1）收集连根和不连根的长茎　（2）并靠面纵向削皮相互挤紧捆绑示意图　（3）靠绑后长合成并干单桩

连翘盆景的制作过程图

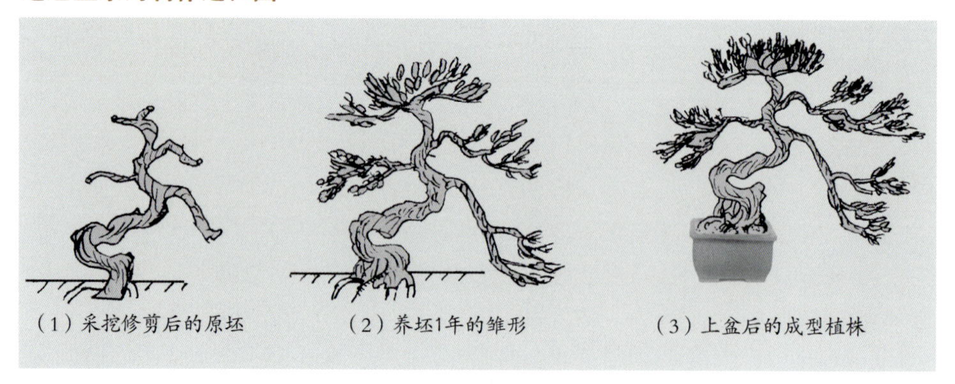
(1)采挖修剪后的原坯　(2)养坯1年的雏形　(3)上盆后的成型植株

促花技术

连翘根系发达强劲，枝叶速生茂盛，吸收营养能力特别出色，所以一般栽植山边、坡脚、花地、路旁粗放管理都能生长旺盛。用作盆景桩头，只要适当关注，常规给予光、风、肥、水等就能开好花，如能细心照料，头年秋和当年春加施磷、钾肥，花期肯定有好的表现。连翘越冬保护好根部，让花枝饱晒阳光，也是保证春季花好的必要条件。秋季9、10月间叶上喷施磷、钾肥稀释液，能多促花芽。以赤霉素100毫克/升对冬季休眠植株喷枝3次会有好效果；矮壮素8000毫克/升浇灌土壤也有催花作用。

养护与管理

暖春　冬藏出室或冬埋起出，需防止大风和降温对桩头尤其是带蕾桩头造成伤害，应随时注意天气情况，加强保护措施。放置敞亮通风场所。水、肥跟上，防止萎蔫和烧根。喷施杀虫、灭菌农药。剪疏无蕾枝和多余枝；补扎方向不理想的枝。

炎夏　不避强光但需保证不旱。伏天晴朗时勿施用农药，也停止施肥。随时剪除多余枝、拔除多余芽。雨天注意排水。

凉秋　9、10月勿忘追肥催花。喷施农药保护，不急于修剪，因为秋叶光合制造营养，待轻霜期再修剪。防止大风、冰雹为害。给足阳光。

严冬　到霜降后，叶子大半脱落时再最后修剪。冬季仍需给足阳光，花蕾才可缓慢充实鼓胀。修剪后收藏可脱盆埋桩和带盆埋桩：我国南方只将盆桩置于向阳处即可；华北最好土埋根部、裸露上部；三北地区可冬季入窖、入冷室，能日晒花枝更好。

17 凌　霄 *Campsis grandiflora*

科属：紫葳科凌霄属
别名：中国凌霄、女葳花、大花凌霄

凌霄花大色艳，干枝虬曲多姿，翠叶团团如盖，花期很长且适应能力很强，是制作观花盆景的良好材料。

凌霄花盆景

生物学特性

形态特征　凌霄为藤本植物。明李时珍云："附木而上，高数丈，故曰凌霄"。宋贾昌朝诗云："披云似有凌云志，向日宁无捧日心。"以上说明凌霄缘附他物向上生长的特性。凌霄枝干细长，茎长7~8米，羽状复叶奇数对生，小叶长卵形或卵状披针形，7~8枚，先端渐尖，边缘疏生7~8齿，有短柄，叶片两面光滑有光泽，颜色鲜绿秀雅。花为聚伞花序，排列成圆锥状，花顶生较大，花冠漏斗钟形、略弯曲；边缘5裂，直径约3厘米，橙红色。

生长习性　喜充足阳光，也耐半阴。适应性较强，耐寒、耐旱、耐瘠薄，并有一定的耐盐碱能力，但不适宜暴晒或无阳光环境。以排水良好、疏松的中性土壤为宜，忌酸性土。忌积涝、湿热，一般不需要多浇水。不喜大肥，不要施肥过多，否则影响开花。病虫害较少。

分布情况　凌霄原产于中国长江流域至华北一带。现全国各地均有栽培。

取材与培育

扦插　繁殖以扦插为主，春秋季时剪取硬枝或嫩枝扦插、保湿，1个月生根，成活率很高。

播种　果熟干藏，春播约16天出苗。春秋季均可移植。

压条　将枝条弯曲埋入土中，保湿极易生根。也可挖取树苗养坯成型更快。养桩时剪除无用枝。待用枝也要剪短促使成活。要剪短长根、无用根，促发新根，然后审视、构思，确定要表达的主题，因材制宜，因树造型、设计、整理出骨架和外形，使之美观。保留下来的枝条成为互枝，如不能到位时要蟠扎、牵引、撑弯使之按预定方向生长。

上盆与造型

选盆 选盆原则是高树用浅盆，矮树用高盆。花盆既要有利于树木生长，又要美观便于陈设。

栽种 栽种季节以春季为好。方法为首先垫盆，用龟背瓦片凹面向下覆盖排水孔，上填一层粗沙以利透水和排水。然后上盆，将盆树放盆中一手扶正，另一手填土至距离盆沿2~3厘米。上盆后，浇足定根水，遮阴3~7天可恢复生长。

用土 对土壤要求不严；但以肥沃、疏松、排水良好的沙质壤土为好。可用腐殖土3份、粪土3份、园土2份、河沙2份配制。盆底加足基肥。

修剪、蟠扎 上盆后的修剪、蟠扎、牵引能提高盆景的观赏效果。对盆景树木进行剪截可转移顶端的优势，重新分配营养，加强通风透气，减少病虫害，促进生长。修剪又可以调整树势，协调比例，增加分枝，美化树形，增加开花结果。枝条在生长过程中往往会变形变位。故需继续蟠扎、牵引，促使其按原来的构图和造型生长。

制作连根式盆景 连根式盆景是利用压条方法制作而成的。制景时选苗基部健壮蘖生枝条，选苗的枝条高10厘米以上时可以进行操作。如剪除横卧在盆面枝条的叶片，并使枝条尾梢上构成90°角。固定时将一条粗细适宜的铁丝长约20厘米，拿弯成“U”字形钳在枝条90°角处的两侧。两端铁丝插入土中压紧固定，等待枝条生根自行固定后拆除铁丝，可形成连根式盆景。

利用凌霄制作盆景的优点

树桩来源容易 凌霄扦插容易成活，可以在家里培养盆景桩材木，而且成型快，2年的时间基本可观赏。平原地区盆景爱好者可以试着在家里培养树桩，不必上山挖掘。

全面观赏效果良好 凌霄叶为羽状复叶，状如羽毛似鸟翅，像大鹏鸟展翅试欲飞，使人赏心悦目。叶色翠绿，使人有“四季如春”的感受。花多，花大，色艳，花期长，终年可观花。总之，凌霄既可观叶、观花，也可观根。素材来源容易，故凌霄是很好的盆景用树木。

促花技术

定期修剪 盆树修剪后可促发新枝，多生花芽，多开花，常开花。

加强光照 将盆树放置阳台或晒台之上使之接受全日照，并注意通风良好。这样有利于植株进行光合作用，制造有机物质，满足生长发育需要。有充足的光照才能形成花蕾，并使花色鲜艳。

用盆讲究 将盆树种植在较大的浅盆里使土壤接受光照面积大，有利于对土壤杀菌和增加肥料。

花期多施肥料 肥料三要素是氮、磷、钾，三者配合使用能使植株完全吸收、植株健壮。磷肥能促使花芽分化和成熟，花大、色艳、香浓，促进开花结果。氮能使植株生长旺盛，花叶繁茂。钾能增加植株抗逆性，减轻病虫害，预防倒伏，提高观赏效果。

凌霄盆景

张华提供

养护与管理

场所 春夏秋放置阳台或晒台之上接受全日照，冬季休眠期在8℃以上环境能越冬。

浇水 肥料的吸收、利用，有机物质的运转以及呼吸作用都离不开水。总之植物的生长需要大量水分，一旦缺水会影响其生长发育，严重时会枯死。俗语说："植物活不活在于水，长不长在于肥"。浇水时冬季宜在10：00~14：00，夏季宜在一早一晚。每次要浇透，不可表湿里干；也不可浇得过勤，长期过湿。

施肥 土壤中的营养元素不能长期满足需要，故需施肥以补充。施肥分为基肥、追肥和根外施肥。春季施氮为主，促进枝叶生长；夏以磷为主，促花芽分化与开花；初冬以钾为主，提高抗寒能力。梅雨期减肥，以防烂根。冬季休眠期停肥。施肥宜薄肥勤施，忌浓、重肥，以防肥害。

修剪整型 盆景定型后继续生长，如不定期修剪，形成层次不分、疏密不当，状如野木丛生，而降低盆景的观赏效果。故必须经常：①摘心，可控制枝条生长，促发多生侧枝，保持造型优美。②抹芽，抹枝干和基部腋芽、不定芽，以集中养分，保持株形优美。③修枝，剪除枯枝、平衡枝、交叉枝、徒长枝、腋枝等，以利盆树健壮，保持原来优美的造型。④蟠扎枝条，它枝条生长快，出枝如射箭，而且枝条笔直、不美观，必须用铝线蟠扎拿弯，达到有一定弯曲，使枝条曲折多姿。⑤整型，经修剪、蟠扎、牵引后制作成为以树冠顶端为中心，向四方倾斜，而且层次分明、疏密得当。树冠整体呈三角形。同时主干苍劲古朴、流畅；悬根露爪，既有侧根又有板根。整体雄奇兼备，造型优美，颇似山野古树，使人赏心悦目，其乐无穷。

翻盆 翻盆是由小盆换大盆，或只换土不换盆。翻盆原因一是树大根系布满全盆，影响植株生长，故需换大盆以扩大根系的营养面积；二是盆土经长期吸收利用，营养减少或消失，物理性质变坏，不利生长故需改换新土。

换盆前不浇水使盆土干燥便于脱盆，换盆时左手，放在盆树基部，抱起花盆倒置，右手轻拍盆底或在硬物上轻磕盆边；也可用与筷子一样大小的铁条两枝平衡插入盆孔顶住龟背瓦片，用力推出。

盆土倒出后清除盆树周围泥土约70%（留土团1/3）。剪短长根、无用根，然后按照上盆方法加入培养土。浇足定根水，放置阴凉处3～7天可恢复生长。

病虫害防治 主要虫害是蚜虫，会使嫩叶和新梢皱缩、卷曲，以致干枯、花少，并发煤烟病，而引起落叶甚至枯死。可用40%乐果加水2000～3000倍喷杀，7天后再喷1次。

18 月　季 *Rosa chinensis*

科属：蔷薇科蔷薇属
别名：月月红、四季花

月季被称为花中皇后，其花四季开放，色泽鲜艳，花型美丽，品种丰富。具有很高的观赏性，中国有52个城市将他选为市花，可用于园林布置花坛、花境、庭院花材，是制作盆景的良好素材。

月季盆景　北京纳波湾园艺提供

生物学特性

形态特征　月季为常绿或半常绿灌木。枝干有直立和开张多种形态的，皮绿至红褐色，高30~200厘米，藤蔓型的枝长达8米，分大、中、小、微型，干、枝和叶柄上多有倒钩皮刺；小叶多为3~7片广卵形至椭圆状卵形；花顶生单朵或伞房花序，单瓣至复瓣，颜色除黑和蓝色外较纷繁多色，甚至有花条、花点、变色等，花径1~20厘米，花期从春到秋多季；自然花后结蒴果，种子数粒到十数粒。

生长习性　喜凉怕热，喜阳光而厌荫蔽，喜肥而耐贫瘠，喜通风，喜水足但需排涝。

分布情况　产自我国华中及西南地区，现全国都有栽培。由于月季多季开花，选小花月季与蔷薇、刺梨、大花月季等嫁接制作盆景，是让月季跻身高等艺术、扩大应用范围的一项措施。

按造型需要把月季种盆中，过于单薄，以木附之，完成造型（马文其作品）

取材与培育

取材 播种育苗种质多有退化，但有时可获得自然杂交新品种，一般不常用；扦插苗快捷方便，最为多用；压条分株也偶有使用。月季大桩不像别的桩头可到山野挖取，一般取绿化的较老株丛切分大干作桩，或取蔷薇等大桩作砧木嫁接。

培育 小苗地植至少3年才能长成大拇指粗的主干，小花月季枝干纤细，只能做微型盆景，难做中大型盆景；大花月季花大枝长也难做盆景，剩下只有一条路——制作中型以上的盆景，用大桩蔷薇、刺梨、大花月季作砧木，嫁接小型或微型月季穗制作月季桩头。采挖蔷薇或刺梨或大花月季老桩，除去多余枝杈和无用大根，养活。另植小花或微形花月季植株养茁壮，接穗备用。嫁接在下面详述。

月季盆景

北京纳波湾园艺提供

用蔷薇作砧木嫁接微型月季

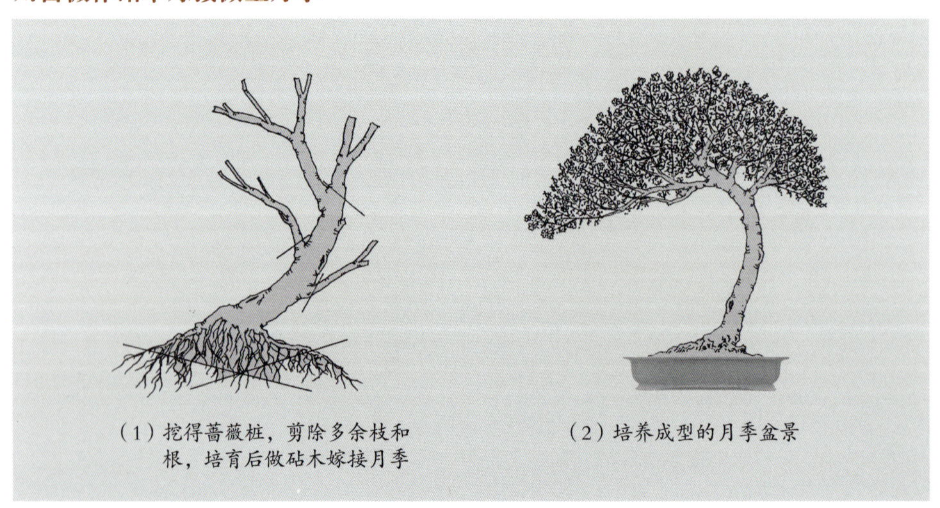

（1）挖得蔷薇桩，剪除多余枝和根，培育后做砧木嫁接月季

（2）培养成型的月季盆景

造型与上盆

造型　养活老桩。①寻老株蔷薇最好选‘粉团’‘狗蔷薇’‘花旗藤’等品种，它们干粗、皮厚，易于嫁接操作。②春芽初生时除去多余芽，只留预用芽，然后催壮。同时为接穗株催壮。③新芽成枝须分布合理,也就是布枝略疏朗。④在春季或秋季，于枝上不长处以“T”字形开皮、芽接法嵌入穗芽，绑扎保护，春秋嫁接约2周解除，冬季嫁接约3周解除，未能接活处还可在附近再次补接，直至接够芽数。⑤培养接芽成枝并略作蟠扎，多靠修剪，直至育成树冠，见蕾、开花。

上盆　①大桩砧木上嫁接小品种接穗常常显得分枝细小，这对盆景桩头来说，小有缺点，须过2年接穗枝长大些才显得协调，这时上盆就需分外小心，不要碰断小枝才好。②如果树桩整体偏矮，应上浅盆；如果桩体高些则应上稍深些的盆。③如其他树桩上盆，最好先把桩下与盆孔捆扎结实，避免不稳固。④上盆后还需结合养护继续完善造型，让月季桩头粗大雄伟、花朵娇小繁密，一年能多次参加展示。⑤由于月季枝杈竖直生长，顶端优势强劲，适于作直式、斜式，不适于制作临水式和悬崖式盆景。

月季盆景
北京纳波湾园艺提供

月季盆景

北京纳波湾园艺提供

促花技术

月季喜凉怕热，每年的第一批花从冷天气中长成，所以是自然条件下开花品质最好的，花朵多且鲜艳，有香味的香也最浓。初春只要土壤有中度肥力、一般湿度、无大灾害，一定能开好花。此后天渐暖热，再开就会减色，这是自然规律，除非再开花前给予冷凉环境。入冬后的自然开花也是最好的。冬季有冷而不冻的条件，也能催开一次花，但冬季最好休眠。历次花前追施复合肥、晒足阳光、环境冷凉、水分适度，都会有蕾多、花多的好效果。相反，肥缺、光少、温高、水欠或过多，则不会有期望的好花出现。

月季盆景

北京纳波湾园艺提供

养护与管理

春季　无论从自然状态越冬还是曾经收藏越冬过来，天气从夜温－3℃出现开始就可作管理事项：备好新土、肥料、农药、工具、盆钵等，甚至可以把盆栽移出。自育的苗株，切记不可强剪，一种说法是狠剪憋粗，这是不科学的，苗株只有多留枝叶和加强管理才能长壮。有些隔年未能翻盆换土的，就可选定新盆换新土。月季抗寒，萌芽力强，须拔除多余新芽，只稍多留方位有利、肥壮茁实的大芽。在合理水肥和光风充足的条件下，随芽长大，再次除冗留精，丰富树冠。

初夏　初夏花期极尽欣赏，切记花现败象时应立即剪去，不误再长枝出蕾。注意修剪时不但要剪除花下一小段，还需剪除使树冠蓬松的长枝，以留出下次枝伸长开花时的树冠形态。炎热时段停肥扣水，也可稍为遮阴。

秋季　秋季花又转好，随机修剪，保持树态优美，尤其是保证最后一次花期，做出上好表演。叶未经霜时还可追肥，杀虫灭菌重点在干和枝上，不留后患。

冬季　入冬强剪，北方收藏防寒可入窖、入室、土埋、干叶埋等，不可“溺爱”而收入温度较高的环境，因月季冬季生长和开花，会大大降低开春以后的生长。收藏已剪除的好枝条可用于扦插繁殖。

月季盆景
北京纳波湾园艺提供

19 黄素馨 *Jasminum mesnyi*

科属：木犀科素馨属
别名：南迎春、云南黄素馨

黄素馨盆景 马文其提供

黄素馨枝条长而柔弱，下垂或攀援，碧叶黄花，可做庭院观赏、花篱、地被植物，也可盆栽观赏。因其枝条柔软，可根据自己的喜好进行蟠扎造型，可塑性很强，造型多样化。

生物学特性

形态特征 它为半常绿藤状拱形灌木。小枝无毛，绿色，四方形，具浅棱；三出复叶，对生，小叶长椭圆状披针形，顶端一枚较大，侧生2枚小而无柄，叶面光滑；花黄色，较迎春花大，径3.5~4.0厘米，花筒6裂成半重瓣，上有暗色斑点，具香味，单生于具总苞状单叶之小枝端；花期3~4月，持续时间较长。另有一种浓香探春，奇数羽状复叶对生，小叶通常5枚，椭圆状卵形；聚伞花序顶生，花冠黄色，极香。原产我国，耐寒性较云南黄素馨强，能耐-5℃的低温。

生长习性 性喜温暖湿润和阳光充足的环境，稍能耐阴，适应性强；生长适温为15~25℃，盆栽冬季能耐0℃左右的低温；萌芽力强，耐修剪；栽培以疏松肥沃、排水良好的微酸性沙壤土为佳。

分布情况 原产我国云南，南方园林中有广泛的栽培。

黄素馨盆景
马文其提供

取材与培育

扦插　可于春季进行，选取生长健壮的枝条，截成长约10~15厘米的穗段，插入沙壤土中，保持土壤湿润，1个月后即可生根。

压条　宜于梅雨天进行，选取硬粗的枝条，在若干部位刻伤，作“S”形弯曲后埋入土中，保持覆土湿润，1个月后即可于刻伤处生根，并抽发出新枝。

搜集树桩　为了获得较大的树桩，用于制作垂枝式或悬崖式盆景，可将园林苗圃中遗弃之有株形缺损的根桩收集起来，对枝条作强度缩剪，对根部进行一些必要的锯截，仅保留1个主干略作自然弯曲并带有粗大侧根的桩头，将其埋栽于通透良好的沙壤中进行催根，待其根部截面长出细须根后，再对桩头上新萌生的枝条作适当选留，即可成为一个较好的盆景桩头雏形。

催花技术

为促成黄素馨在春节期间开花，可于节前30~40天，先将其放在5℃左右的冷室内， 继之再将其移入15℃以上的大棚中，并逐渐将室温提升到20~25℃，不时给植株喷水，有条件时可适当补充光明，这样可望其在春节期间绽黄吐芳，增加节日气氛。

黄素馨盆景的制作过程图

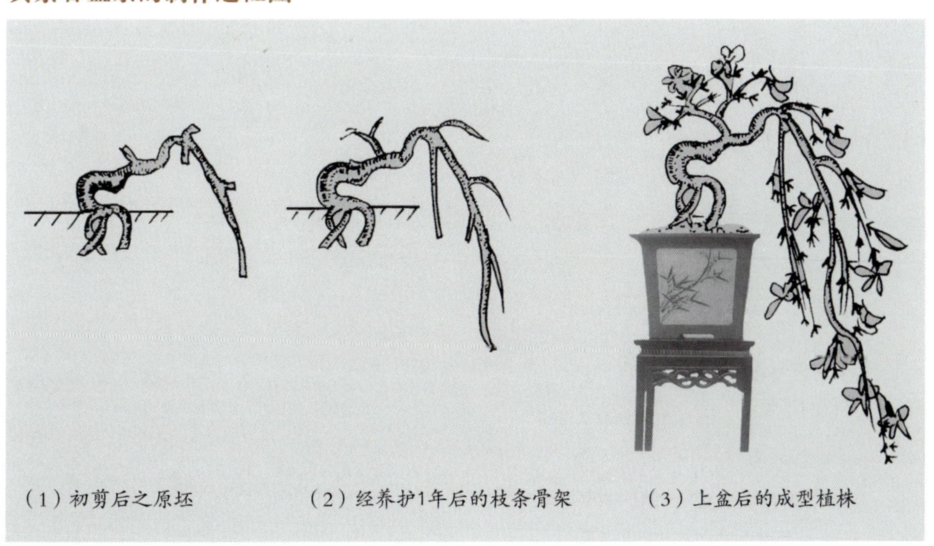

（1）初剪后之原坯　（2）经养护1年后的枝条骨架　（3）上盆后的成型植株

上盆与造型

选盆 黄素馨枝条细长拱垂，花色金黄鲜艳，通常宜选用较深的紫砂盆，悬崖式造型可用高深签筒盆。花盆的颜色以深蓝、紫红、栗褐为宜，可衬托其翠枝碧叶的潇洒、硕大黄花的妩媚。

用土 黄素馨稍能耐旱，但怕涝渍，盆栽宜用排水透气性好且比较肥沃的沙壤土。可用4份园土、4份腐叶土、2份河沙，内加3%沤制过的饼肥末或过磷酸钙，混合配制。这样的培养土质地疏松，营养全面充足，有利于其生长发育和枝茂花繁。

造型 黄素馨上盆一般在花谢后进行比较合适。其主干宜曲不宜直，其枝条宜直不宜曲，方可形成干曲枝垂，拙朴与纤细相映衬的视觉效果。一般在刚上盆时，根部要多培一些土，待其生长恢复后，再逐步掏去一部分培土，在雨水冲洗和浇水喷淋的双重作用下，便可逐渐露出其盘根错节的根蔸形态；对枝条要择优选留，任其自然拱垂悬挂，不作弯曲吊扎，同时对细枝、瘦枝、乱形枝、枯枝要及早删除，最后仅保留符合整体构图且孕生有较多花朵的下垂枝条，以供作高几陈列。

黄素馨附石盆景造型与上盆过程（马文其提供）

养护管理

场所　黄素馨盆景，应搁放于阳光充足的环境中，春、夏、秋3季可直接放在阳台上，但夏季要避开正午前后的阳光。若长期放置于蔽阴处，会导致枝条纤细，甚至会造成植株不开花或少开花。冬季宜将其搁放于不结冰的大棚中或冷室内。

浇水　黄素馨喜欢比较湿润的环境，生长季节必须保持盆土湿润。当其枝条抽生到一定的长度后，要节制浇水，可收到枝短花密的效果。4~10月间，可每天浇水1次，夏季高温时可早晚各浇1次水，并适当增加叶面喷水。梅雨季节，要防止盆土积水。

施肥　黄素馨喜肥，生长季节，可每半月追施1次稀薄的饼肥水。7~8月花芽分化阶段及开花前1个月，应适当追施一些速效磷钾肥，如0.2%的磷酸二氢钾溶液，可促使其多开花、开好花。

修剪　它的萌发性较强，每年应于开花过后进行一次强度缩剪。生长旺季，要适当给予摘心。这样不仅可保持树形清秀，而且可促成花芽的形成。秋季对生长不充实的枝条，要进行短截，以利于其正常越冬。

换盆　黄素馨可每2年换盆1次，以秋季落叶后至春季发芽前为妥。结合换盆对根系进行修剪，以利于根系发育。在进行换土的同时，加入少量沤制过的饼肥末作基肥，以满足植株生长的需求。

病虫害防治　春季刚抽芽发叶时，易发生蚜虫刺吸危害，可用10%的吡虫啉可湿性粉剂2000倍液喷杀。夏秋季高温干旱时易发生大袋蛾为害，要及时摘除袋囊烧毁。

更换盆钵前的树相

更换盆钵后，次年春，枝叶更加丰满的树相

20 茉莉花 *Jasminum sambac*

科属：木犀科、茉莉花属
别名：茉莉、香魂等

茉莉花花色洁白，香味浓厚，为常见的庭园及盆栽观赏花卉。多用于盆栽，点缀居室，清雅宜人。因枝条细，盆栽时一般几株合栽，形成丛林式，或者做附木式和附石式盆景。

茉莉花盆景 马文其作品

生物学特性

形态特征 茉莉花是常绿灌木。枝条细长，叶对生，光亮，聚伞花序，顶生或腋生，有3~9朵花，花冠白色，芳香。花期6~10月。

生长习性 喜温暖湿润、半阴通风好的环境，畏寒、畏旱，不耐涝。土壤以含有大量腐殖质的微酸性沙质土壤最适宜。

分布情况 产于我国南部以及印度等地。

茉莉花盆景
马文其提供

取材与培育

取材 在北方地区6~8月，一些盆景爱好者常在花卉盆景市场购买干较粗、花蕾较多且部分花蕾已开放、生长旺盛的盆栽茉莉花植株，之后加以精心莳养。另外，也可采用分株、压条或扦插等方式进行繁殖。

培育 茉莉喜湿润、不耐旱、怕积水、喜透气，因此要合理浇水。要根据植株生长需求适时施肥（包括根肥和叶面肥），当年不需换盆。喷施新高脂膜，能提高养肥的有效成分利用率，保持水分，能调节水肥的吸收量，促进植株尽快发育成型。

上盆与造型

选盆 所选盆钵除具有较高观赏性外，其盆容量和原盆容量应相差不多，从泥盆或塑料盆移栽观赏用盆时，茉莉植株根部泥土尽量少去为好，特别注意不可把原土坨弄坏，使根系受到过多损伤，影响移植后茉莉植株的生长。

造型 茉莉花盆景的造型与其他树木盆景造型不同的是：茉莉植株枝条不可蟠扎，尽量少修剪，所以对植株形态的挑选比较严格。如作品“花香笛声远”。要求有一斜干茉莉植株，植株上下部都要有花，其干还要适当粗些，制成的盆景才具有较高观赏性。

有了理想的植株后，也要细致地考虑盆、石、架、人物摆件的大小、色泽、样式的匹配，才能制作出具有较高观赏价值的盆景来。

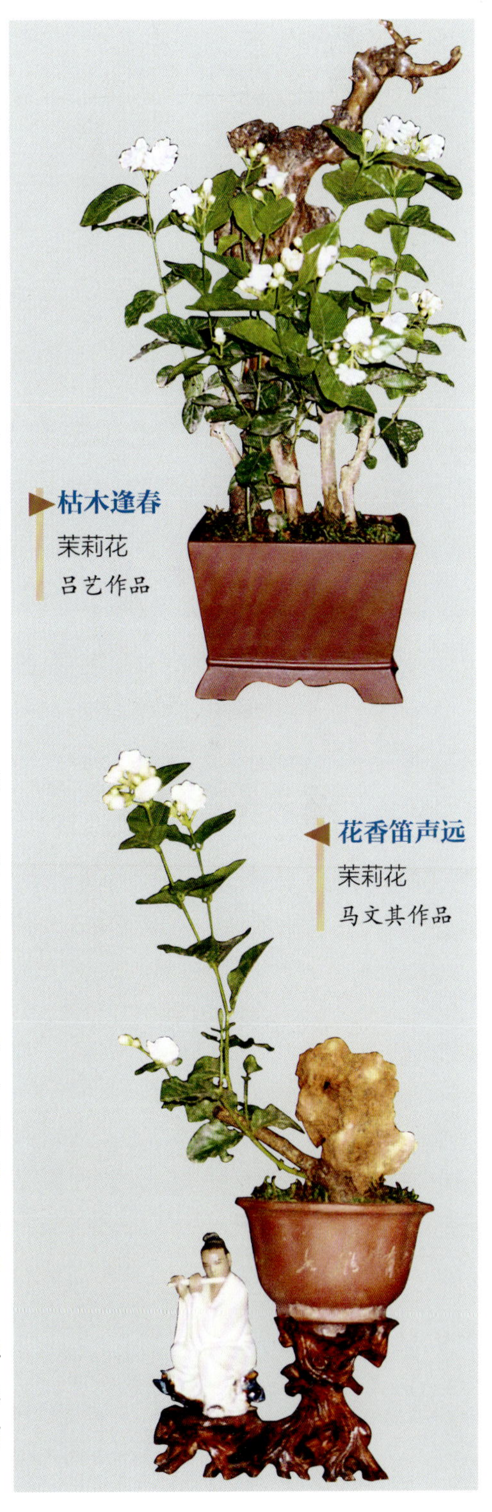

枯木逢春
茉莉花
吕艺作品

花香笛声远
茉莉花
马文其作品

养护与管理

养护管理 整形促花。在春节发芽前可将生枝条适当剪短，保留基部10～15厘米。新枝长出后，要喷施促花王3号，能把植物营养生长转化成生殖营养、抑制主梢疯长，促进花芽分化，多开花。水肥充足。一般以有机肥和叶面肥为好，施肥时间，以盆土刚发白、盆壁周围土表刚出现小裂缝时追施最适宜。

病虫害防治 茉莉花主要虫害有卷叶蛾和红蜘蛛危害顶梢嫩叶，要注意及时防治。常用药剂及浓度有25%三唑锡可湿性粉剂1000～2000倍；50%溴螨乳油2000～3000倍液；50%敌敌畏乳油1000倍液；40%氧化乐果1000倍液。病害有白绢病、炭疽病、叶斑病以及煤烟病。应加强栽培管理，发现病叶及时摘除并销毁。

花后管理 盛花期后，要对枝条进行重剪，以利萌发新枝。

温度控制 茉莉对温度有比较严格的要求。花蕾形成发育最适宜温度为30~37℃，低于25℃，花蕾不能形成。温度超过37℃，花色变黄，香味淡。茎叶生长适宜温度25℃，18℃以下难以萌芽抽生新枝，10℃以下将停止生长。

群芳争艳
茉莉花
马琳作品

第3章

观花盆景常用草本植物

观花盆景用材不仅仅局限于木本植物，一些草本植物的植物造型也越来越受到盆景人的关注与喜爱。本章重点介绍小菊、水仙、蟹爪兰等草本植物生物学特征、取材与培育、上盆与造型、促花技术以及养护管理等内容。

1 小　菊

科属：菊科菊属
别名：西洋甘菊、母菊

盆景用小花型菊花，与大菊特性大致相同而小有差别。小菊盆景是以草本植物表观古树的苍劲俊美之态。造型一般需借助枯木、硬石制成附木式和附石类盆景。

小菊盆景 贺生仓作品

生物学特性

形态特征 小菊为多年生草本或亚灌木，株高30~300厘米，全株具柔毛。叶卵形至广披针形，边缘有钝或锐齿或至深裂。头状花序，1朵至多朵顶生，直径0.8~5厘米，花有白、黄、粉、橙、红、玫蓝、紫、淡绿和各种间色、复色，较大菊花更具香味。自然开花从8~11月不等，一般花期20~35天。园艺花头有单瓣、重瓣以及平、舌、翎管、托桂等形，有一种窄叶密生白毛的小菊花朵无瓣只存蕊花。

生长习性 性喜通风，忌水沤，不喜多年植于一地，不喜酷暑，喜凉爽，很耐寒冷，华北地区地栽不覆盖根也不致冻坏，但茎干以上不能忍耐－6℃以下严寒，尤其花朵较不耐寒，最好冷至零下即做防寒保护。晚秋根蘖可耐自然－30℃酷寒，但不耐突降酷寒。

分布情况 原产我国，栽培史已有3000年以上，目前世界各地广为种植。

切取菊茎上段扦插，成活即较粗壮

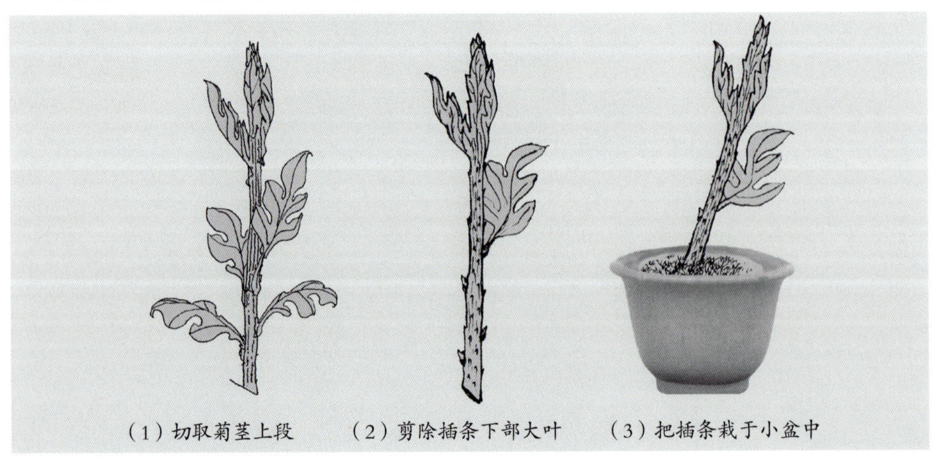
（1）切取菊茎上段　（2）剪除插条下部大叶　（3）把插条栽于小盆中

取材与培育

从众多小菊中选择花株壮、主干粗、叶节短、叶片小、枝杈密、花朵多且小、花期长、颜色美、花形有特点的品种用作盆景桩材。

取芽　①分芽，秋季花后，从菊株下根部切离带新根的壮芽另植，此法最易成活且成活率最高。②扦插，平时取菊株茎梢最好，梢下取一、二茎段也可，再低处不佳。斜插于沙中保湿，也易活易长，适用于大量繁殖。取茎梢12~15厘米长，在下部除掉4或5片叶子，并以利刀剜去所除叶腋内生长点的芽眼，能在扦苗成株后作为根干的部分大幅度减少萌发蘖芽，省去未来菊桩频频除蘖的麻烦。③嫁接，适用于利用其他根系发达的菊科植物作砧木，嫁接菊穗培育造型；也有时几株小菊并干靠接，使菊干外观显得更粗大。④播种，用于人工授粉杂交培育小菊新品种，简易可行。⑤高压，多是为了使上盆菊株开花时株型矮小却花朵密集。后两法在制作小菊盆景时一般不用。

栽培　①切得带根新株或扦插成活的幼株，应移入畦内或单植于盆内催壮，这是以小菊自身茎干为主干制作盆景桩头的苗株，也是以小菊附山石、附枯木制作盆景桩头的开端。②栽培前期应为苗株创造最好条件：一是用疏松多腐殖质的培养土；二是给予良好的通风及光照，能畅快排水；三是在生长期适度薄肥勤施，炎夏时段停施；四是随时检查并剔除根际萌蘖，确保主干茁壮。③制作附石、附木小菊盆景，在小菊幼株高度足够且长势旺盛时，即须靠附就位，继续催壮。④对以小菊茎干作主干的，培育幼株即考虑主干及时倾斜或作弯。⑤当菊株长到超过设计高度，必要时适时掐头促分枝，以便下一步营造“树冠”。

切取带根小芽，移植最为方便，成活率最高

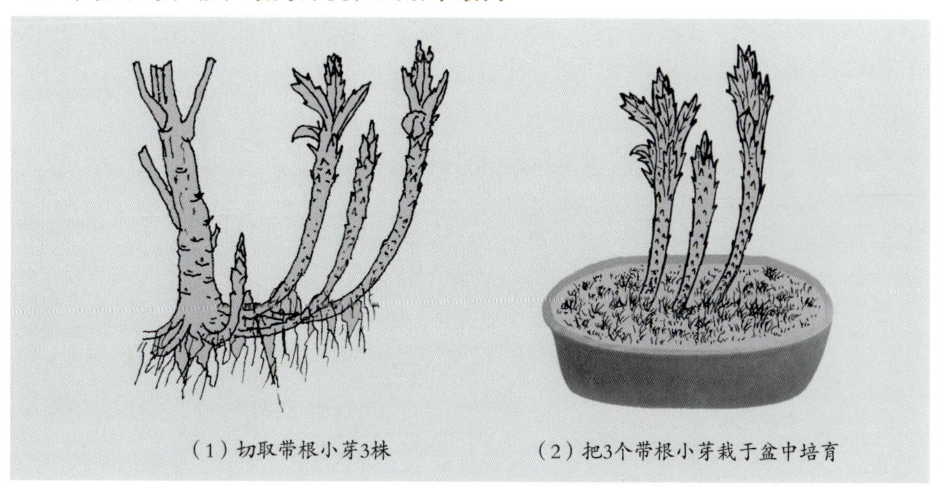

（1）切取带根小芽3株　　（2）把3个带根小芽栽于盆中培育

上盆与造型

当一般小菊壮苗长到设计高度和初具形态时，就到了经营全株枝杈的重要阶段。

预上盆和正式上盆 如果条件允许，尤其栽培数量较多时，应备有泥烧广口浅盆，可以在正式上盆景专用盆前，先上泥烧盆。理由一是泥烧盆价格便宜，不慎打破也不值多少钱。二是泥烧盆内泥土更不易积水，透气性更好，更有利小菊长壮，待全程造型完毕后再移入盆景专用盆欣赏。

这种盆也可以用于附石、附木式，让小菊与所附石、木一起移入，继续进行造型操作。盆土当然要用含较多腐殖质和粗沙的疏松培养土。

如果少量栽培，且并没备有泥烧浅盆，也可一直在畦内养育直到幼株进入造型操作阶段。缺点一是艺者操作必须蹲踞弯腰；二是下雨、浇水易激起泥点会沤伤菊叶。如上正式盆景用盆进行弯曲造型操作。缺点是紫砂、瓷盆的透气性终究不如泥盆，小菊生长一定程度上受限。预上盆即按照正式上盆一样，根据设计姿态该直则直，该斜则斜，把小菊主干安置到位。如果是以小菊自身茎干作为主干，有一道“工序”必不可少，须把株干略向上提，理顺根丛，在根丛中央下部置一石子垫高根际，这不只为提根露爪加强野趣，还为易除此后常滋生的根蘖，然后把根四下纷披平铺，再填土轻压，浇水沉实。

小菊盆景专用盆选用注意下列问题：盆色避免用绿色，因为它与菊叶靠色；小菊株形不大，宜选较小较浅的盆；盆形不必拘泥形式，朴素的、刻画的、雕镂的均可。除小菊栽入盆钵以外，艺者还可发挥想象力，动用比如盘、碗、杯、壶、瓶、罐、螺壳、椰壳、枯树段、石板、竹筒、烟缸和各种不伤大雅的工艺制品。正式上盆景用盆应在秋季花蕾初绽时；未备用泥烧盆，在畦造型的也应于秋季正式上盆。

造型 小菊作为盆景主材桩头，多是模仿树木盆景。以自身茎干作为主干，从干数上分有单干式、双干式、三干式和丛林式等。常见的小菊盆景还有悬崖式、附木式、菊石图式、掌上型、附石式等。

“百花怒放”
（丛林式小菊盆景）

几种菊花盆景的制作

其一，壮菊或蒿秆作砧接菊。选最壮小菊从苗时生长1年，干基可粗约3厘米，它花大而且花茎长，不适于作盆景。菊科的白蒿也能干基粗大，它是2年生草本，第二年接菊培育，秋季欣赏，年末即自然枯死。壮菊养育成株后保护越冬以它作砧木接菊，可延续使用多年。一般头年养砧，次年在枝上嫁接菊穗，继续养育造型直至开花。以后每年保护越冬，春出培育管理，株形比用小菊自身茎干作主干粗大得多，审美价值也较高。

造型的操作以单株斜干式为例。蟠扎：①茁壮幼株在泥盆栽植时就须对茎干作必要弯曲，以打破呆板强直的形态，可用软金属丝缠绕后，捏成有大有小的较自然模样，避免“S”形规律大弯。②当主干作弯后高度达到设计尺寸，即掐芽心促分杈以长成大枝。③主干作弯两三周定形后解除金属丝；对大枝牵拉，使应留每枝方向合理。④主干和大枝经蟠扎、生长，需形成树冠的骨架。

修剪：①主干掐头促出新芽长成大枝多个，一般下部的大枝可留长些，相对来说上部大枝就要稍短，靠修剪完成。②大枝又出分杈，分杈又出小杈，于是就形成几组枝叶团片。③团片与团片间布局应错落有致，组合成树冠，树冠与主干应和谐搭配，看着顺畅舒服才算制作成功。

造型过程有一些注意事项：①当我们在蟠扎菊枝时，要想到小菊嫩茎不同于树木枝条那么柔韧，尤其是春秋旺长阶段的清晨，菊枝饱含水分嫩脆之极，作弯容易折断，不如在阳光下稍旱状态操作更为保险。②小菊掐头后，生芽多处，不一定每芽都留，仅选方向、数量适合的，其余除去。③主干过于光滑平顺就显幼嫩呆板，可仿照树桩在干皮作几处疤瘤，增加苍古意趣。④为保证树冠形好，下部大枝放长再掐头分杈，上部分杈及早掐头促芽，为避免直枝呆板，多作鸡爪、鹿角形杈，使分杈繁密花蕾增多。⑤秋季见蕾之前有些早春生叶现黄甚至干枯，是由于叶龄已老，不是管理失当所致，除去即可。⑥菊杈蟠扎忌用力朝外牵拉，因为小菊有草本特性，杈腋极易劈裂，造成遗憾。⑦正式上盆景用盆时，为固定菊株，可以用金属丝将菊干基部和盆底水孔绑扎妥贴防止倾倒，如根系繁密不必绑扎，填土后可临时设置支撑，栽好后浇水使土沉实，注意此后从树冠上淋水或下雨时树冠很重，仍易造成菊株倾倒，所以只要不急于展出，晚些撤除支撑为好。⑧仔细察看全株形态，斟酌各局部，如根爪裸露多少、主干形态偏正、大枝是否疏朗、分枝是否繁密、树冠是否端正、整体是否协调、配盆是否得当、铺苔植草是否合度等等，不妥之处一一做出修正，务使作品完美，争取有些新意。

上述是单株斜干式小菊大致制作程序，其他形式参考操作。

其二，菊花附石盆景的制作过程见下页手绘图。

其三，菊花附木盆景制作过程见P127手绘图。

菊花附石盆景的制作过程

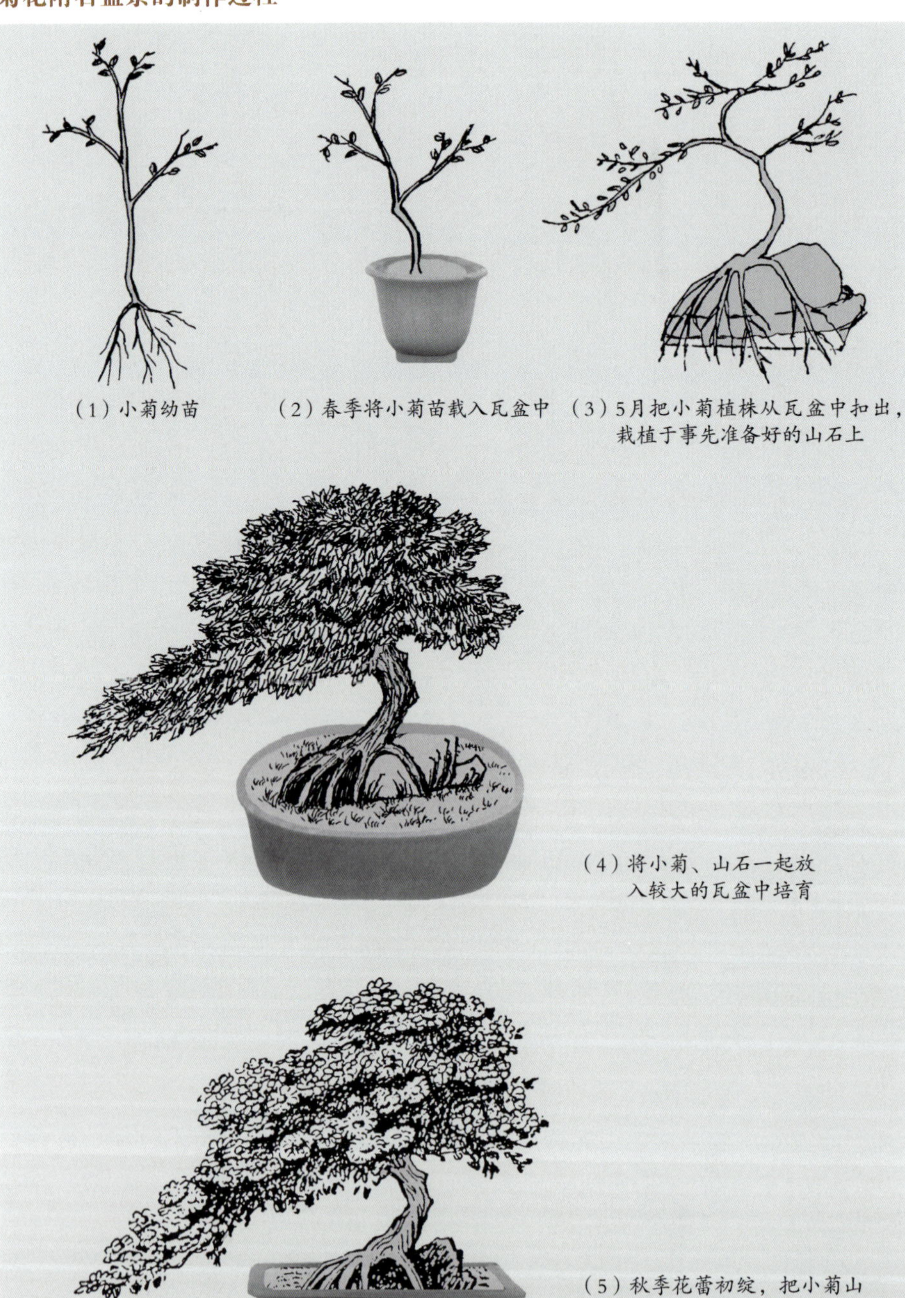

（1）小菊幼苗

（2）春季将小菊苗栽入瓦盆中

（3）5月把小菊植株从瓦盆中扣出，栽植于事先准备好的山石上

（4）将小菊、山石一起放入较大的瓦盆中培育

（5）秋季花蕾初绽，把小菊山石栽植于大小、深浅适宜的长方形紫砂盆中，加强管理。此图为花开时的景象

菊花附木盆景制作过程

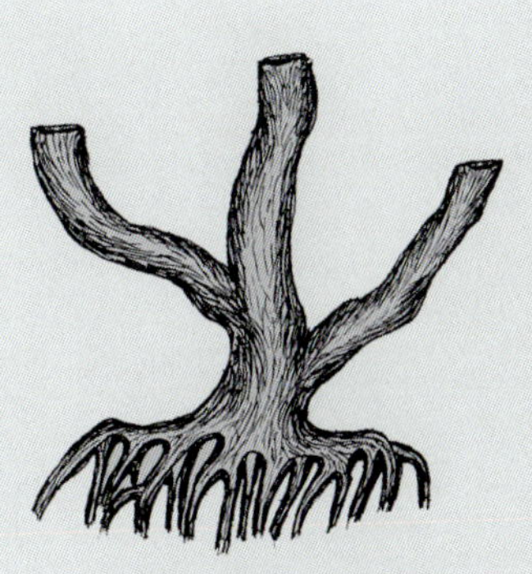

（1）具有一定姿色的枯树桩

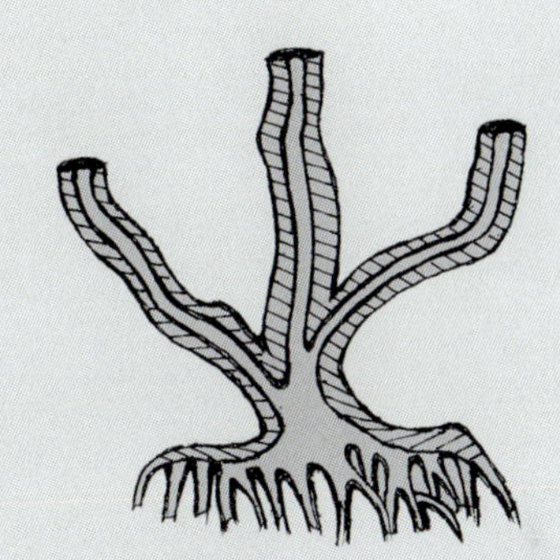

（2）在枯树桩背面凿出放小菊枝干的沟槽

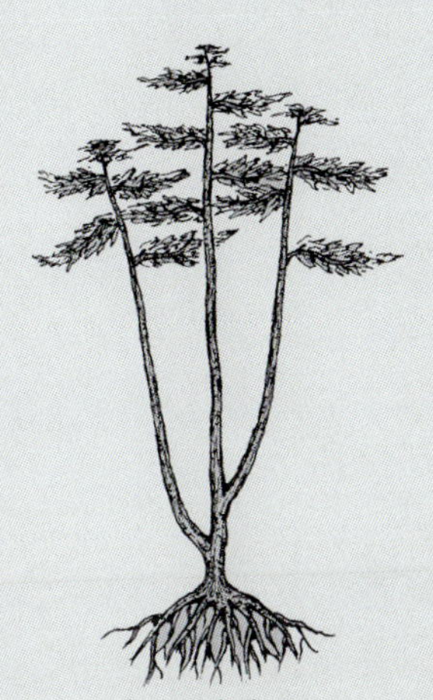

（3）1株菊苗

（4）把菊苗固定到枯树桩的沟槽之中

（5）将枯树桩菊苗一起栽植于瓦盆中，培育2个月的形态

（6）秋季把枯树桩和菊花一起栽植于紫砂盆中。图为开花时的景象

小菊盆景
贺生仓作品

控蕾与控花

小菊盆景最佳观赏期为开花阶段，小菊自然早开的在7月，因天气热而花期短，仅约20天；最晚的在11月，因天气凉而花期长，约30天。这是一般规律，可以人工控制菊株见蕾与开花提前、延后，花期也可适度加长些。艺者应先掌握每个小菊品种准确的自然花期，在这个基础上才能正确地实施以下措施。

控蕾 ①针对制桩小菊应有的自然见蕾日期，提前一个半月停止掐头修剪。②加施富含磷、钾肥并创造其他一般条件如白天阳光、通风、浇水等，灭虫杀菌。③傍晚在天黑前2小时为小菊遮盖黑布，做到绝不见光；次日天亮后2小时才掀起黑布，暴露在自然阳光下，一般可提前两三周见蕾。与此相反，延后掐头，每日傍晚天黑后加照灯光2小时，次日天亮前加照灯光2小时，小菊株会延迟见蕾。

控花 ①如上所述，传统方法促早见蕾则早开花，延迟见蕾则晚开花。②传统以封闭冷室贮藏见蕾菊株，能推迟花期。③有报道，以100毫克/升赤霉素多次点滴菊花生长点促小菊早见蕾开花。④又以25~400毫克/升吲哚丁酸于9小时光照周期下叶面喷洒；以50~100毫克/升萘乙酸于短日照处理后6~9天喷1次；以0.01~5毫克/升2-4,D于叶面喷洒，都分别收到延迟花期的效果。⑤以2℃以下至－3℃冷室贮藏或展出开花菊株，能较大幅度延长花期。⑥以2500毫克/升丁酰肼于短日照开始后3周叶面喷洒1次，5周后再喷洒1次也能使菊花延长花期。

要使花多花密，一是选取茎短蕾多的品种；二是在未见蕾时就勤施磷、钾肥，催花芽分化；三是力使环境日平均温度在20℃以下为好，小菊喜凉，气温偏低则腋蕾多出；四是让小菊在坐蕾期免除不利因素干扰，如空气、化学、声污染等。

养护与管理

送展整理　①对盆面植草铺苔细致修饰，强调野趣，不必齐平；摆物件要少或不用。②匹配盆和架要格调相近，大小相当，颜色和谐，不落俗套。③展时最好置于自然界条件下，花阴稍亮，温度偏低，场所通风。不得不在室内时，也选光不强、不闷的位置。避免摄影灯照射。④盆土保持不旱不沤，展期不必施肥。⑤最好花瓣绽放时参展，先开花瓣初见干边时应及时撤展，以免"累"坏菊株。

展后措施　①从展区撤回小菊盆景，先轻剪花头和小枝，不剪除大量绿叶，便于恢复生机。②由于大量花开展出整月，菊株已大伤元气，需放置在良好环境下"疗养"，北方入室养息温度在10~18℃，湿度略大些，浇水适度，不可太沤，有利促芽，待约2周徐徐有新芽萌动。③再次修剪，仍不可强剪，只再除去细枝密枝，使树冠稀疏些，因为越冬细密枝梢会自然干枯一段，不可避免。④将带芽小菊移置于低温室内，越冬温度在5~10℃环境，菊株在休眠或半休眠状态最为理想，每日见些阳光更好。盆内只保持稍湿即可，能安然越冬；土埋全株时菊株深休眠，会导致大部分的分枝干枯或霉枯，少数主干也会部分枯败，但一段主干和根都能度过寒期，此法勉强。⑤翌年春暖，对小菊作一次强剪，除去干瘪枝梢，只剩大枝杈骨架，待萌芽后出室，伸枝长叶，比头年更壮大、更优美。继续养育，欣赏价值更高。

附木小菊盆景

贺生仓作品

小菊盆景

马文其提供

2 ▸水　仙 *Narcissus tazetta* var. *chinensis*

科属：石蒜科水仙属
别名：雪中花、雅蒜、天葱等

水仙盆景 马文其作品

自古以来，人们把水仙视为吉祥、美好、纯洁、高尚的象征，是“岁朝清供”之佳品。若把水仙鳞茎球经过艺术加工，把人们的情感、水仙的自然美和人工的艺术美融为一体，变成高档活的艺术品，将给人们的文化生活、给节日增添很多乐趣。

生物学特性

形态特征 水仙系多年生单子叶草本植物。有球状鳞茎，由鳞茎盘及肉质鳞片组成。鳞茎盘上着生芽，着生鳞茎球中心的芽称顶芽，又称主芽，着生主芽两侧的芽称侧芽。所有的芽排列在一条直线上。鳞茎盘底部外圈生有须根3~7层，根圆柱状，白色不分枝，长10~50厘米不等，断后不能再生。叶扁平，带状，翠绿色，质软而厚，先端钝圆，叶缘无锯齿，具有不太明显的平行脉，自然生长的叶片挺拔直立，外层叶片远端略有弯曲，长度在50厘米左右，叶宽1.5~5厘米。每芽有4~9个叶片。花芽从叶丛中抽生，花芽有4~5叶片，叶片多的芽常无花。一个鳞茎球有1~7个花莛。多者可达10余个。一个花莛上有小花4~9朵。中国水仙有两个品种，一是单瓣花，花瓣6枚，又称‘金盏银台’；另一种是重瓣花，花瓣12枚，又称‘玉玲珑’。不论单瓣花，还是重瓣花，花后都无果实。

生长习性 水仙喜光、喜水、喜肥，适于温暖、湿润的气候条件，喜肥沃的沙质土壤。生命力强，能耐半阴，不耐寒。生长前期喜凉爽、中期稍耐寒、后期喜温暖。因此，最好在冬季无严寒夏季无酷暑，春秋季多雨的气候环境下培育。

分布情况 水仙原产中欧、地中海沿岸和北非。原种只有几十种，变种已有几百种。但观赏价值高的仅有10余种。经有关专家调查研究，认为中国水仙是多花水仙的变种，传入我国有1000余年。

▸银根满盆
水仙
马文其作品

鳞茎球的挑选

因水仙不结实，繁殖方法有：子球繁殖、侧芽繁殖、双鳞片繁殖、组织培养等4种。以子球进行繁殖，秋季将其与母球分离，单独种植，次年产生新球。水仙的繁殖都是花农进行的，在此不再多述。

子球经过3年大田培育才能成为商品鳞茎球，也就是每年10月至次年1月出售的水仙鳞茎球。挑选鳞茎球应注意以下几点：①外形丰满，枯鳞茎皮完整，新根未长出，主芽不超过3厘米。②鳞茎球外枯鳞茎皮以深褐色为好，如果枯鳞茎皮呈浅黄色，说明发育不良或栽种年数不够。③把鳞茎球放在手掌中掂一掂，同等大小的鳞茎球，重的比轻的好（但事先要把底部泥巴去掉）。用手轻轻压一下鳞茎球，感到坚实并有一定弹性者为好。④量主鳞茎球的周径，周径长25厘米以上（称10桩），有花莛8个左右；周径24.1~25厘米（称20桩），有花莛6个左右；周径23.1~24厘米（称30桩），有花莛4个左右。⑤绝大多数水仙盆景的造型，都需要子球，主鳞茎球质量相同的情况下，有子球比无子球要好。

所谓“桩数”是指在特定的竹篓或纸箱内，多少个鳞茎球能放满就是多桩。10桩的大，40桩的小。

30桩水仙开花时形态

用20桩水仙鳞茎球造型时掰下不需要的子球，经雕刻培育而成。

鳞茎球的雕刻

雕刻日的选择 哪天雕刻，先确定观花日。如2016年春节时观花，2016年春节在2月8日，在北京地区养护场所白天平均温度13℃左右，夜间最低温度3℃左右，水养40天左右可开花，考虑寒流，连阴天的变化再加3天，也就是春节前43天即2015年12月25日左右雕刻。

水仙鳞茎球雕刻的程序 ①首先是“立意”，也就是要雕刻培育成什么样的造型。如果要雕刻培育成“喜庆花篮”“螺中生花”“满院春色”三种水仙盆景，这三种水仙盆景造型不同，但雕刻、养护时的方法基本相同。②先去除枯鳞茎皮、底部泥土、枯根以及造型不需要的子球。“梦笔生花”“喜庆花篮”各用主鳞茎球左右两侧的一个较大子球。“满院春色”要用8个10桩上乘鳞茎球，估计有花莛子球都留，否则去除。③刻鳞片时，左手拿鳞茎球，让弯曲主芽对向自己，右手拿水仙雕刻刀，先在鳞茎球底部弧线上1厘米左右平行刻1条深0.5厘米左右弧线，再把弧线上鳞片逐层剥掉，直到露出柱状叶芽为止。有的主芽旁有两端尖、中间宽的梭形鳞瓣，这种鳞瓣内既无叶片，也无花莛，应把它挖掉。④刻叶包片，用刀把叶芽两侧的鳞片从基部向上铲除2/3左右，使叶芽两侧及前面都露出来。每个叶芽外都有比鳞片薄的片，把叶芽包裹起来，称其为“叶包片”。在叶芽两侧下刀，从基部到顶端把叶包片去除2/3左右。使叶片露出。⑤削叶缘，一般叶片和花苞紧密相贴，中间无缝隙，如下图。为了

削叶缘及雕刻后鳞茎球的形态

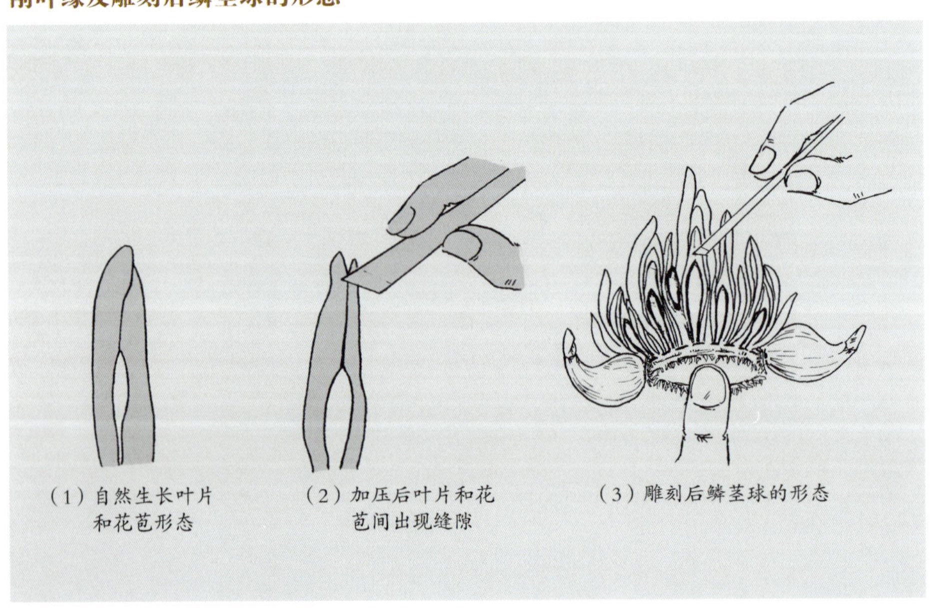

螺中生花
水仙
马文其作品

让叶片和花苞之间有缝隙，削叶缘时不至把花苞碰伤，把左手拇指放在鳞茎球底部凹陷坑内，左手中指和食指放鳞茎球后壁部，轻轻用力，到叶片和花苞分开有一定缝隙为止，右手持刀，把叶缘削去1/5~2/5不等的一部分。“喜庆花篮”和“梦笔生花”主鳞茎球内的叶片进行轻重有别的削去一部分，日后叶片有不同程度弯曲。4个子球既不剥鳞片，也不削叶缘，任其自然生长。“满院春色”的8个鳞茎球，其中3个主鳞茎内的叶片和子球叶片都行重刻，另外3个主鳞茎内的叶片和子球叶片行较轻的雕刻，日后这6个鳞茎球的叶片高低错落，弯曲度也不相同。还有2个鳞茎球，主鳞茎球及子球都不雕刻，任其自然生长。⑥削花梗。花莛从叶丛中轴生出，上部为花苞，下部为花梗。花梗中心部呈空管状，自然生长的花梗直立略高出叶片。为了使花梗弯曲变矮，花向观赏面开放。雕刻叶片后，把花梗削去长1厘米左右，和牛皮纸厚度相差不多的一块盾形皮。欲使花梗朝哪个方向弯曲，就削花梗的哪一面。花梗是轻刻还是重刻，要和叶片雕刻轻重一致；轻刻者把花梗削去薄一些，小一点；重刻者把花梗削的适当厚些，面积适当大点。雕刻鳞茎球时，若花梗太短，暂时可不削，等水养一段时间后，花梗长长些时再行补削也可以。

水仙雕刻后的养护

浸泡盖棉 雕刻后把刻伤面向下，放入有10余厘米深的水中浸泡24小时。然后把鳞茎球拿出，去除刻伤处渗出的黏液，把刻伤处盖一层脱脂棉，同时也把根部盖住，刻伤面向上，平放塑料盆中，用清水向脱脂棉以及刻伤部位喷，向盆内放清水到刻伤面下一点位置为好。放蔽阴处7天，每天向鳞茎球喷水2~3次，每晚把盆内水倒掉，次日清晨放清洁水。

换水与水质 在蔽阴处养护1周后，叶片返青并有一定弯曲，新根萌发。如果莳养水仙较少，1个鳞茎球放置1个盆内水养；如果雕刻莳养的水仙较多，刻伤面应朝一个方向放置长40厘米、宽30厘米、深10余厘米塑料盆中莳养。

不论是单盆养一个鳞茎球，还是用长方形塑料盆养多个水仙，都是刻伤面向上，根部向南、放置阳光充足处水养，每天日照必须在3小时以上，否则难以开花。每天换1次清洁水。用塑料盆养水仙换水时把盆放于地上，左手轻轻放盆左端鳞茎球上，右手拿盆右端并逐渐抬高倾斜，盆中水自然流出。然后再放回原养护位置。

水养水仙，既无土也不施肥，只靠清水发育生长，对水质的要求比较严格。现在城镇水仙爱好者绝大多数都用自来水养水仙，因为自来水在水厂加工过程中放入一定量的消毒物质，在用自来水养水仙前，最好在清洁的塑料桶中或盆中放1~2天，让自来水中的消毒用物蒸发或沉淀后再用更好。

如果水质不洁，水仙根的远端首先霉烂，然后更多的根霉烂，最后导致叶片发黄萎蔫，严重时造成整株水仙死亡。

水仙水养，除定期换水，每日向水仙植株上喷水1~2次外，还应向放置水仙周围地上喷水。每晚把旧盆水倒在养水仙场所地面就很好。养水仙场所局部小气候湿度较大，有利于水仙叶片花苞的生长。若局部小气候干燥，水仙花苞外面的薄膜脱水，韧性增加，到开花时花苞内花蕾难以把薄膜胀破，形成“哑巴花”。开花后局部小气候干燥，花朵脱水，会缩短花期。

控温与光照 水仙性喜温暖、湿润、阳光充足环境，忌高温、干燥，有一定耐寒性。在北京地区，把已雕刻的水仙放置在阳光充足、白天平均气温15℃左右、夜间最低温度在5℃左右的场所，36天左右可开花。

水仙鳞茎球从雕刻水养到花朵开放的全过程，理想的温度和光照是两头低中间高。雕刻后的前几天为“复壮期”，这时温度适当低些在8℃左右，而且蔽光有利于伤口愈合和生根；中期是叶片花苞“生长发育期”，温度适当高些在14℃左右，光照充足为好；花朵大部分开放进入“观花期”，此期温度适当低些在6℃左右，每天有1~2小时光照即可。温度低、光照时间短可以延长花期。

促花技术

水仙花和本书中其他观花植物不同，在商品鳞茎球时花芽已形成，养护再好，也不会增加花芽个数。促花技术只是使花芽发育得好。养护得当，花苞发育好，花苞内小花朵个大、花香味浓，花期长；养护不当，花苞发育不良，花朵少而小，甚至萎蔫不开花。促使花苞发育良好要点有三：其一，养护场所温度适当低，白天平均温度13℃，夜间最低温度3℃就很理想；其二，勤换水，喷水，即每天换1次水，每天向水仙植株喷水2~3次；其三，阳光照射充足，每天光照时间在5小时以上为好。

风韵绝俗
水仙
马文其作品

造型上盆

“喜庆花篮” 当部分花苞开放展出观赏前，把左右两侧子球叶片和花梗在上部合拢，成为花篮的柄，因水仙这时有绿、白、黄三色，为使色彩更加丰富，特别是增添中国人喜爱的红色，在花篮柄的顶部，用红绸条打一个蝴蝶结，用蓝色的盆钵，盆下放棕红色做工精湛的几架，这样匹配，水仙花篮显得优美高雅，耐人寻味。

“满院春色” 挑选内径28厘米，具有北京特色四合院造型的紫砂盆。当部分花苞开放展出观赏前，把3个植株较矮的水仙鳞茎球放四合院紫砂盆前面和西南角，另3个中等高鳞茎球放盆中央和东南角，另2个没雕刻的鳞茎球，在西北角和东北角各放一个。这样造型，前矮后高，错落有致，花白似雪，清香四溢，在苍翠多姿叶片衬托下，情趣盎然，给人以欣欣向荣的感受。大门左扇还半开着，有邀请观赏者进院欣赏之美意。

微型水仙盆景博古架 用铜板铜丝制成高52厘米的博古架，放置6件用有花苞子球培育而成的微型水仙盆景。

水仙盆景虽小，但功夫大。采用水仙造型时瓣下有花苞子球，在春节前50天左右，根据构图立意，把子球内的叶片、花梗要适当的重刻，放蔽阴处一周复壮后，放置用玻璃封闭向南阳台内光照充足处，每日见光要达到6小时以上，白天平均温度要在15℃以上，夜间平均温度在5℃左右，每天换一次水，精心莳养36天左右可开花。

喜庆花篮
水仙
马文其提供

满院春色
水仙
马文其提供

水仙盆景
马文其提供

千里之行，始于足下

〔选材〕在日杂商店购到2只高10余厘米釉陶绣花娃，挑选2个有花苞的子球。

〔雕琢〕在春节前40余天，把两个子球的叶片行重及较重的雕刻，花梗行轻刻。

〔养护〕按“水仙雕刻后的养护”进行，为使水仙子球立稳，养护时与其他水仙鳞茎混养为好。按时换水，放阳光充足处水养。

〔造型〕水仙花部分开放时，把两只釉陶质绣花鞋一前一后放于事先已试好的较矮几架上，鞋内放清洁水，把水仙植株观赏面朝操作者放好。

千里之行，始于足下
水仙
马文其作品

男足女足

〔选材〕选高18厘米，上口直径3~6厘米玻璃杯一个，再挑选长20厘米较矮木质几架一个，春节前50天左右时挑选一个有花苞子球。

〔雕刻〕把子球叶片进行较重雕刻，花梗长到5厘米左右时，用刀刃轻轻划一下。

〔养护〕雕刻后的子球最好和其他鳞茎球一起养护，姿势亦固定。也不要忘记按时换水等事宜。

〔造型〕当水仙花苞开放时，把水仙花梗横置，水仙根部放于玻璃杯内，浇满清水，放置在先准备好的几架上，把男、女两个配件放在事先设计的位置上。

男士斜身带球快跑，女士把右足高高抬起，以显示其力量。众多球迷看到这件作品，会有很多想象和联想。

男足女足
水仙
马文其作品

玉象驮花水仙盆景的制作

〔选材〕挑一个20桩、一侧有一个较大有花苞子球、另一侧有一个较小子球的鳞茎球。

〔雕刻〕主鳞茎球内的叶片花梗要进行较重的雕刻，大小子球均不雕刻。

〔养护〕雕刻后前半期的养护和普通雕刻水仙鳞茎球相同，当新生洁白的根系长到2厘米左右时，用一块较厚脱脂棉，把根系全部盖住，不让根系见到一丝阳光。把盖好脱脂棉的鳞茎球放置较深饭碗中，碗内放足清洁水。每隔2~3天，把鳞茎球向上转1厘米左右，经过40天左右的养护后根部转到上部，原先鳞茎球的上部转到下部，呈本末倒置状态。在主鳞茎球的转动中，做象鼻的大子球自然也在变动中，不要管它，当主鳞茎球呈本末倒置时，大子球自然会高高翘起。主鳞茎球的花朵和做象鼻子球的花朵基本同时开放。

〔造型〕当部分花苞开放时，把主鳞茎球向下的鳞片和叶包片尖端剪除一部分，在鳞茎球的雕刻面插下2个竹片，其长短以使做大象躯体的主鳞茎球立稳为好。其次，加工做大象鼻子和眼睛。做象鼻向上生长的叶片过散，用绿色线把叶片和子球花梗固定在一起；象眼在子球略靠上的位置上，用圆珠笔绘呈橄榄形。象牙的制作：用两根长10厘米左右、略有弯曲小竹棍插入象鼻基部两侧，也有人不做象牙；至于象牙底，因为很小，可有可无。

然后，把鳞茎球上的盖棉全部去掉，露出从上向下生长的雪白根系。把叶片和花朵进行一次整理，把已做好的大象造型水仙植株放入事先已准备好的长椭圆盆中。在盆中放适量白色米石，盆下放适宜托架，一件造型优美的水仙大象盆景就呈现在人们面前。

玉象驮花
水仙
马文其作品

3 蟹爪兰 *Schlumlergera truncata*

科属：仙人掌科蟹爪属
别名：仙指花、蟹爪莲等

蟹爪兰因节茎长，而呈悬垂状，故又常被制作成吊兰。蟹爪兰开花正逢圣诞节、元旦，株形垂挂，适合于窗台、居室装饰。在日本、德国、美国等国家，蟹爪兰已规模化生产，成为冬季室内的主要盆花之一。

醉后花更美（蟹爪兰）马文其作品

生物学特性

形态特征　蟹爪兰是多年生常绿附生植物。扁平的叶状茎节片长约6厘米，一个茎节边缘有2~4对尖齿，边缘呈锯齿。茎节多分枝、绿色。花在茎节的顶端，左右对称。花色最常见的为红、白两色。蟹爪兰的自然花期，因品种而异，多在11月前后。蟹爪兰是短日照花卉，每天日照8~10小时，2~3个月可孕蕾。如晚上灯光照射，则不孕蕾。每朵开一周左右，整株花期在3周以上。

生长习性　蟹爪兰性喜凉爽、温暖的环境，较耐干旱，怕夏季高温炎热，较耐阴。生长适温20-25℃，休眠期温度15℃左右。喜欢疏松、富含有机质、排水透气良好的土壤。

分布情况　原生长于南美巴西热带雨林树木的洞穴或树杈汇集的腐枝乱叶中。现我国各地公园、花圃、家庭中都有栽培。

花满龙舟
蟹爪兰
马文其作品

取材与培育

购买 一些退休老人时间富裕，可以长时间地培育蟹爪兰，看它生长的全过程。时间比较紧张的青年，可到花店或花卉盆景市场购买含苞待放的蟹爪兰，回家换上大小和原盆差不多的紫砂盆或动物造型的釉陶盆，只要保持植株根部原土坨不破坏，移植后一周不见阳光，适当浇水，就可成活。

嫁接 砧木以仙人掌为好。嫁接的适宜时间为3月下旬至6月中旬和9月中旬至10月中旬。嫁接应选晴天上午进行，因此时砧木和接穗含汁液较多，接口愈合快。把接好的花盆置于避风雨的阴凉通风处（注意浇水不能沾接口），约20~30天可望成活。

蟹爪兰换盆造型过程图

（1）一般的配盆，整体呆板，没有新意

（2）换成螺壳显得比较拘谨

（3）栽于蜗牛造型的盆中，富有灵性

（4）再配以物件装饰，比较有画面感

上盆与造型

从市场购买的蟹爪兰基本上都是塑料圆形盆，观赏价值欠佳。购回后根据自己的喜好，以及整体造型样式移栽到观赏性好的盆中，但根部土坨不要弄散，即可成活。换上得体的盆钵后观赏性得以提高。换盆1周内注意蔽阴，每天向植株上喷几次水，以利植株成活开花。

仕女观花
蟹爪兰
马文其作品

养护与管理

用土 要用疏松肥沃、富含腐殖质、通气渗水好的酸性土，购兰花用土再加少许培养土即可。

温度 生长最适宜的温度为15~25℃，在这个范围内，光合作用随温度的升高而增强，植株生长迅速。当温度高于或低于上述范围，都会使植株生长缓慢。

光照 蟹爪兰喜弱光，在高温和强光照射下生长不良，重则导致植株死亡。夏季阳光不能直接照射到植株上。春、秋、冬季，气温较低，阳光可以直接照到蟹爪兰上，有利生长。

湿度 蟹爪兰虽是仙人掌科植物，但不具备很强的抗干旱能力，而是要求比较湿润的土壤和高的空气湿度。适宜的相对湿度为50%~80%，有利光合作用和养分的吸收。

螺中生花
蟹爪兰
马文其作品

相映成趣
蟹爪兰
马文其作品

第4章

观花盆景的盆、架及题名

在一定环境下，合理的配盆用架，会使盆景看起来更加优美。盆、景、架的合理搭配也是盆景艺术的一部分。而题名，则是对作品创作主题和意境的高度概括，起画龙点睛的作用。本章重点介绍了观花盆景用盆、用架以及题名方面的相关知识。

1 观花盆景用盆

盆景用盆不像一般盆植用盆，除了作为容器要求它的容积和稳定性之外，还格外强调它的观赏性。一些造型优美、工艺精湛、经久耐用的盆钵本身就有极高的观赏价值和艺术价值。

婀娜（络石）赵庆泉作品

盆的质地

最常用的是紫砂盆，紫砂出自江苏省宜兴市，陶砂泥烧制，透气性较差，格调高雅；其次多用瓷盆，粗、细瓷涂釉烧制，不透气，格调也较高雅，但易沤坏桩根；黑陶盆，粗陶烧熏，透气性稍好，也较高雅；塑料盆，塑料灌注，不透气。水泥盆，有加水磨石和铜屑点缀的，模型塑制，透气性较差；喀斯特云石盆，自然水聚切取；石雕或砚式石板；树脂水泥塑；海螺壳等等。

炉钧釉长方浅盆 冯泰来藏品

桃花泥腰圆袋式云脚盆 申洪良藏品

盆的形状

手工制作的盆口多为长方形、方形、五角形、六边形、八边形、多边形、圆形、椭圆形、梅花形（五外弧边）、海棠形（多外弧边）等各种形式还有内弧边、仿枯桩、仿器皿（鼎、篮等）等形式。深浅各有不同。微型盆形态更为复杂多样。

紫泥小轮花圆唇盆 申洪良藏品

盆的颜色

紫砂多为赭石色和涂敷浅黄皮浆色，一般不与树桩的叶和花靠色。瓷器、釉陶和塑料由于花色繁多，应避免用绿、蓝及与桩上花色太近的颜色。如果树桩上花色极艳，可以考虑从2个角度选择盆色：一是为突出花色选特别朴素暗淡的，不与花争艳；另一是选分外靓丽但与花色相差很多的颜色，与花交相辉映，让整个作品引人注目。

钧红四方斗盆 冯泰来藏品

盆的纹饰

盆形工艺繁复多样，除了为作品增加魅力之外，盆侧的纹饰对盆景作品也起锦上添花的作用，比如紫砂盆和瓷盆侧的刻镂书画、佛山釉陶盆侧的浮雕、仿枯桩盆侧的皮相木等都在相当大的程度上为作品提高观赏价值。一件树桩精品如果没有配好理想的盆盎，绝对是艺者的严重疏忽。

六角紫泥绘花盆 申洪良藏品

随着盆景艺术的高速发展，欣赏者对艺者的期望也大大提高，人们在不断改革创新中对盆的推陈出新也付出了许多心血。新材质、新形式、新花色、新纹饰的盆盎已有不少问世，这是十分可喜的。

在盆景配盆过程中，一定要掌握几个原则：一，盆与景的大小要适宜，不可景大盆小或景小盆大；二，盆的形状要与景的样式相匹配；三，盆的质地要讲究，如文人树盆景配以釉彩盆，意境就会大打折扣；四，盆与景的色彩搭配需和谐，忌对比过于强烈或颜色过于一致。

千禧龙凤盆 龚林敏盆艺作品

2 观花盆景用架

中国盆景作品展示，桩、盆、架三者缺一不可。几架实属工艺家具，虽非作品主体，但不用几架只展盆株的作法极不可取，会被认为是仓促和不规范的展示。

石榴盆景 张忠涛作品

几架的材质

木质 传统硬木和硬杂木制品，由于轻便、坚实又高雅端庄，所以最为常用。以树根制作的自然形几架更具古朴风格。

石质 由于沉重，多用于落地大型或极微小型的，虽不便搬运，但不腐朽。

陶质 也因应用年代久远，还较受欢迎，近似石质而轻于石质，也不腐朽。

金属 应用科技手段制作，可在坚实、轻巧、防朽、美观等方面似硬木制品。

塑料 近年有人以之模拟硬木，也很乱真，但未见成批生产。

几架的种类

博古架 大型的可下落地、上顶天花板，小型的可置于书案、窗台或挂于壁上。用于摆置组合盆景。

桌案 长条桌案可摆置1件或几件大型盆景。

几 长条几可摆放1件或几件中型盆景，方几、圆几、椭圆几一般摆置1件中型盆景。

垫架 一般只置1盆，有的也因台面长或有高低，可置二三盆的。

大红袍黎皮砂金钟盆配圆形几架 冯泰来藏品

石榴盆景

张忠涛作品

3 观花盆景题名

相映成趣（西府海棠）扬州红园作品

在深厚浓郁的中华文化母体孕育产生的盆景艺术，处处都渗透着文雅高贵。自盆景从盆栽升华而形成高等艺术，每件作品都有了相应的意境，于是就像园林之景被称为“三潭印月”“琼岛春阴”和赏石被称为“壶中九华”“青莲朵”一样有了题名。题名问题不能小看，它是中国盆景美学不可或缺的一部分。

为了引导欣赏者快捷地进入盆景的意境中去，作者常从文字简洁、朗朗上口、诗情画意、名实相映等方面规范题名，更求画龙点睛，高度概括，令人遐思，启人冥想。现归纳盆景命题方法，有以下几种。

古诗词警句

盆景是从我国古诗、绘画、园林综合而来的活的艺术，而我国古诗、绘画、园林最重情景交融，盆景则从中撷取和浓缩了三者最精华的部分，所以，题名引用诗词警句是自然而然的。如古梅瘦劲，三五枝杈，花苞可数，题名曰：“疏影横斜”，取林逋《山园小梅》诗意；又如小菊七八株，倚篱而栽，黄花朵朵，迎风摇曳，题名曰：“悠然见南山”，取陶潜《饮酒》诗意；再如海棠一株，碧叶婆娑，花色虽鲜却少，题名曰：“应是绿肥红瘦时”，取李清照《如梦令》词意；一树垂丝海棠，题名曰：“常恨春无觅处”，取黄庭坚《清平乐》词意。这类题名高雅脱俗，书卷气浓，阳春白雪，最有韵味。

春江水暖鸭先知
水仙
马文其作品

直点树种名

观花盆景多为单株花树，突出的只是此树此花，于是就直白地点出花或树名，反而显得率真爽快。如一株红色盛花杜鹃，题名曰："杜鹃啼血"，有典可查；伍宜孙大师有一盆石峰上植六月雪丛林群花正放，题名曰："青山雪林"，"山"体苔碧草茂，"山"下"水"面有高脚木屋和小亭，远处小舟二，景色美绝；再如冯炳伟大师的作品"梅花三弄"，题名使作品更加富于灵动感，亲切自然。所以，这类题名较贴切、有特色、也很雅致。

梅花三弄
梅花
冯炳伟作品

虚拟景象名

由于许多观花树种不便强为之营造意境背景，也不便添加辅材，只能据其形象虚拟题名。如一盆高干垂枝的簕杜鹃（叶子花），紫花满树时题名曰："紫霞垂照"；一株密花紫藤，题名曰："璎珞垂枝"；再如池泽森作品"遥知不是雪"，题名赋予读者无限想象，画面感很强，意境深远。这类题名大都俗雅共赏，但也有不似贴切的。

如一盆扶桑花大叶茂，题名曰："绰约风姿"；一树紫薇花朵开满树冠，题名曰："千红万紫"；多株杜鹃花盛放，题名曰："如火如荼"……这类题名缺少个性，不具特色了，应多作推敲，突出作品个性、体现树种独有的品格。

遥知不是雪
野梅
池泽森作品

配件题名

以观花盆景中的配件来题名这种方法比较简单直接。只要运用恰当，景名贴切，就能起到画龙点睛的效果。如下图“春江独钓”作品：在长70厘米边缘不规则的汉白玉山水盆景盆钵左侧后部放置一个没有雕刻的植株较高、已开花的20桩水仙。在其前面放置30桩经雕刻、养护，叶片、花梗较矮已开花的水仙，以达到高低错落、花繁似锦效果。

在水仙右侧放置一高一低两块横向纹理的山石，在两块山石间放40桩经雕刻、养护已开花植株较矮的水仙一株。

在盆钵右侧放置一渔竿伸向盆中水面、背着草帽的垂钓老翁，渔竿远端的线垂到盆面，一件具有较高观赏价值的水仙山石盆景制作完毕，根据景物所表现的内容春江水暖花已开，给该件作品题“春江独钓”就比较恰当。

春江独钓
水仙
马文其作品

第5章 观花盆景的欣赏

观花树桩盆景主要欣赏花期的华丽，但也不能因为突出赏花就忽略掉其他如桩干、枝杈、虬根的观赏性……在欣赏花的华丽美的同时，当然要讲究树桩整体各部的相互协调。本章从6个方面阐述如何欣赏观花盆景。

1 花色的美

浓艳 有些树种花色艳丽，色泽明快，加之花多繁密，到了开花季节，突然会姹紫嫣红，火爆开放。盆景树桩具有这种特色的，黄有迎春、连翘、月季、金花茶、金雀、蜡梅等；红有杜鹃花、三角梅、桃、贴梗海棠、月季、茶花、五色梅、牡丹等；粉红有杜鹃花、碧桃、月季、茶花、西府海棠、紫薇、石榴、牡丹等；紫有杜鹃、三角梅、紫藤、紫荆、月季、牡丹等；变色有五色梅、月季等。

月季盆景

北京纳波湾园艺提供

淡雅 有些树种花朵朴素清丽，色泽文静宜人，到了欣赏季节，悄悄在叶间次第开放。盆景树种具有这种特色的，白有杜鹃花、六月雪、福建茶、栀子、素馨、玉兰、茶花、珍珠花、李、茉莉、石榴、珍珠梅、月季、夜丁香、绣线菊等；黄有米兰、桂花、黄素馨等；玫紫有杜鹃花、紫薇等。

杜鹃花盆景

梁悦美作品

花色的美常因色调明暗、花型大小、花朵多少、花期长短等不同而产生不同效果。如，有些花初开鲜艳，晚放却褪色，如月季、桃、蜡梅等；另一些花则相反，初开不艳却越开越美，如五色梅、茶花、石榴等。有些花大体上同期开放，如桃、李、牡丹、绣线菊、迎春、连翘、西府海棠等；有一些则陆续开放，花期较长，如月季、三角梅、五色梅、六月雪、福建茶、石榴、紫薇等。同时开花特别艳丽的，多显得热烈奔放、雍容华贵；此谢彼开赏花期较长的，多显得温馨隽永、润泽清秀。所以，欣赏者可根据自己的喜好，选取自己喜爱的花仔细品赏。

2 花姿的美

花是造化自然为人专门制作的“艺术品”，它在枝上开放的方式和花朵自己的形态千差万别，多姿多彩。人们也因兴趣不同而各有所爱。大型花如牡丹、茶花、玉兰、月季等，盆景艺者应用较少，一是它花大，全株花朵无几，太过于突出花而盖过桩形的表现；二是桩干细瘦影响格调，培育期过长则难度增加，缘于此，盆景艺者更倾心于小花小叶的树种。正如我们常见六月雪、福建茶、研木、梅、五色梅、迎春、杜鹃、金银花等，它们花微叶窄，更能衬托出桩干以小喻大，产生巨树参天的气势。

花姿美应是统称着花桩头全株的姿态，是花、叶、枝、干及相关的桩上整体形象美。那就不只是花多花艳，还要很讲究桩干壮实、大枝疏朗明晰、分枝多而不腻、团片布置错落、绿叶陪衬适度、树姿造型有致，这样才算盆景主体制作成功，如梁悦美大师的杜鹃花盆景，整体团片错落有致，清新脱俗，真是瑶蕊娇花献丽姿，美不胜收。

杜鹃花盆景

梁悦美作品

3 花香的美

盆景树桩开花有香味的也很常见，粗计有桂花、金银花、牡丹、茉莉、栀子、素馨、米兰、含笑、玉兰、辛夷、丁香、夜丁香、月季、梅、紫藤等；盆景用草本有水仙、小菊、兰等。当然花有色有香、有姿有形的树种，是上好盆景材料，如左宏发的“金花银花”作品，在欣赏花色花形、树桩虬根美的同时，还能闻花香，怡情养性。历届展览会上和多本画册里都有香花树种出现，说明大家都对此喜爱有加。

金花银花
金银花
左宏发作品

七里香盆景
梁悦美作品

相得益彰

水仙

任静西作品

4 树桩的美

前面谈及花姿的美，提到花与桩与枝与叶都有密切关连。作为盆景，赏花是在盆景桩头上，所以，盆中“桩相”不佳的花树，只好勉强算是盆景，更该算是盆栽甚至只算盆植，只因为植株的整体缺少盆景要素，当然也就缺少了艺术美。

树桩盆景首先是桩，即干。盆景艺者熟知“无桩不成景”，即使赏花为主的，也须花是花、干是干，花好干差的盆景，不配称为观花盆景的好作品。花树细干疏枝、花团锦簇、迎风摇曳、美丽多姿的盆景是不理想的、不成功的。

树干之上还须有疏朗大枝，大枝是树冠的骨架，是结构的支撑要素，干与细枝中间需有过渡。观花树桩也必须像一般无花树桩一样进行大枝和分杈的常规造型，蟠扎、修剪一丝不苟，无花时也可观赏全桩，花开时观赏，使作品锦上添花。

如下面展示的两个作品，无花时，也是两个完美的树桩盆景，有花时更增强其观赏性。

杜鹃花盆景

梁悦美作品

马樱丹盆景

梁悦美作品

5 意境的美

观花盆景由于花朵占据了最抢眼的部分，其意境就因之受到一定的限制。从以花为主的表现范畴做抽象意义的经营，更需要艺者具有较深造诣和运用别出心裁的技巧。如：涉及花开气候、产花的地域、花卉的象征，还涉及花卉的典故和轶事等等。观花盆景常依赖题名来引导欣赏者进入艺者当初所苦心营造的成景内涵中，但又由于欣赏者自身阅历的不同得到的切身感受各存差异。举个例子：一位艺者创作了一件梅花盆景，他以粗大主干嶙峋挺立、三五枝杈疏影横斜、花蕾错落散布枝头、数朵怒放清香四溢、拳石一二点缀桩下、浅盆土面青苔覆盖……来表现高人格致、雅士风范；另一位艺者创作了一件茁壮主干、多数分枝、细杈繁密、叶团茂盛的苍松。文人观摩，迅即对古梅产生共鸣，首肯梅桩刻划出了文人的高风亮节，认为较之苍松的壮美更有韵味；有的蓝领或农民观摩，对古梅干枯枝稀十分不解，不解为什么把树搞成瘦弱而不养育茁壮，他们更喜爱古松雄伟壮丽，远比古梅令人长精神。这就说明不同的人群以及他们不同的经历还会产生不同的选择，即便都是表现美的，也会被欣赏者品评挑剔、分别选择。这都是欣赏者审美移情的结果。

意境的美，不提倡用多数材料堆砌，而崇尚少用树石及辅件点到为止，所以盆内宜简忌繁，最讲究恰到好处，给欣赏者多留思考余地，让作品耐人寻味、余味无穷，见以下两作品。

春花盆景
陈金璞作品

野牡丹盆景
林三和作品

6 整体的美

观花盆景整体美是指景物各组成部分要和谐流畅、自然“顺眼”。要做到这一点，需依照树桩造型规律，调理树桩各部间比例适度、姿态均衡、错落有致、疏密适当、隐显交互、韵律起伏、节奏鲜明、个性突出、富有新意、表现时代精神等等，如果不能面面俱到、天衣无缝，也须力求高标准。盆景作品整体印象率先进入人的头脑，也就是先入为主，让人一见即有好恶感；人们再一部分又一部分地欣赏品评、斟酌推敲之后还会再一次全面权衡整体，做出定论。

广义的整体美是对连同盆和架组成的作品整体的审美。除上述对桩头自身的要求外，还要求桩与盆的关系、盆与架的关系、三者联同关系。一件立式矮壮树桩，树冠左右铺开，它就不应植于高深的盆内，一般也不配高形几架，以突出它的伟岸茁实，因为盆深、架高将反衬、夸张了它的矮却削弱它的壮。一件大悬崖式树桩却可用高筒盆，甚至再上高形几架，因为这样可衬托出“飞流直下三千尺”般的垂干的奇险美；反之，浅盆、矮架会使干梢触地，弱化其奇险美的表现。微型盆景需置于博古架上组合展示，不然单个作品过于小巧、简单，使审美价值大大降低，有了小盆垫和适度的大架，并且可同赏垫架的工艺美，给作品增加情趣。

芳满春意流
紫藤
田丽作品

醉里簪花倒著冠

贴梗海棠

田丽作品

参考文献

REFERENCES

[1]陈植.观赏树木学(增订版)[M].北京：中国林业出版社，1984.

[2]杨念慈，等.花木与盆景手册[M].济南：山东科学技术出版社，1987.

[3]陈俊愉，程绪珂.中国花经[M].上海：上海文化出版社，1990.

[4]徐晓白，等.中国盆景制作技术[M].合肥：安徽科学技术出版社，1994.

[5]马文其，等.中国盆景欣赏与创作[M].北京：金盾出版社，1995.

[6]兑宝峰.依依垂柳情—姿态万千的垂枝式盆景[J].中国花卉报，2015.